제2판

통계적 사고

허명회 지음

教友社

머리말

고려대학교는 2004년 핵심교양 프로그램을 새로 만들었는데 그 중 한 영역이 정량적 사고(定量的 思考, quantitative thinking)였고 그 안에 10여개 과목이 들어가게 되었다. 그 가운데 하나가 저자가 맡은 "통계적 사고(statistical thinking, 統計的 思考)"였다. 이 책은 그 과정에서 개발된 강의록을 묶은 것이다.

사고(思考)의 한자 뜻은 생각하고 헤아린다는 것이다. 사고(事故)와는 다르다! '통계적 사고'는 현재 형성된 통계학 지식을 주입하고자 하지 않는다. 대신, '통계적 사고'는 통계적으로 생각하는 힘을 키우는 데 초점을 맞춘다.

이 책의 첫 장은 우연과 확률이다. 우연성(偶然性, randomness)은 경험적 추론을 하는 과정에서 맞닥뜨리게 되는 숙적이다. 비유적으로 말하자면, 농사꾼이 자연의 심술을 견뎌내야 하는 것과 같은 것이다. 인류는 우연이 초래하는 불확실성을 이해하고 다루는 정량적 도구를 개발해내었다. 그것이 확률(確率, probability)이다.

이어서 표본조사, 실험연구, 관측연구 등을 다루는데, 크게 보자면 모든 과학 분야에서 이것들로 실증적인 지식이 만들어진다. 사회과학 및 자연과학에 수많은 개별 과학(科學)들이 있지만 이들이 채택한 실증적 방법론은 통계적 방법론 하나이다. 통계학은 바로 그것에 대한 정량적 논리를 다룬다.

다음으로, 어떻게 자료를 기술하는가를 이야기한다. 관측 자료의 특성이 잘 드러나도록 하려면 어떤 수치들로 요약해낼 것인가? 평균과 표준편차는 어떤 의미가 있는가, 그것으로 충분한가? 이에 대해 논의하고 아울러 효과적인 자료 시각화(資料 視覺化, data visualization) 사례를 제시한다.

마지막으로 구간추정과 검증 등 통계적 추론(統計的 推論, statistical inference)을 다룬다. 여기서는 수리적 방법 외에 컴퓨터를 활용하는 몬테칼로(Monte Carlo) 방법을 강조할 것이다. 이 교과 및 교재에서 누누이 주장하는 것은 수학과 컴퓨터는 통계적 사고를 구현하는 양 손 도구라는 점이다.

이 교과 및 교재는 엑셀(Excel)을 사용하여 통계적 사고를 컴퓨터로 구현한다. 신세대 학생들은 수학적 방식보다 이 방식을 오히려 쉽게 받아들일 수 있을 것이다.

엑셀은 단순한 사무용 소프트웨어로서가 아니라 수학적, 통계적 사고를 담아내는 전자 연필과 종이(electronic pencil and paper)이다. 이 책에 사용된 엑셀 파일은 출판사 홈페이지 자료실에서 내려 받을 수 있다 (http://www.kyowoo.co.kr).

이 개정판은 초판을 다소 늘린 것이다. 세월이 지나 낙후된 부분을 새로 고쳤고 연습문제를 추가하였다. 연습문제 풀이는 출판사 홈페이지 자료실에서 내려 받을 수 있다.

고려대학교 연구실에서
허명회 드림
stat420@korea.ac.kr
2012년 1월

차례

차례

차례

통계학을 특징짓는 것들

- 현실 세계는 다양하고 변동한다. 내부적 역학(力學)은 복잡하기 그지없다. 경제와 사회, 환경, 의학 등이 특히 그러하다. 우리는 데이터를 통하여 다양성과 변동성을 이해하고 복잡성을 헤쳐 나간다.

- 통계학은 데이터 과학(data science)이다. 우리는 데이터가 우연성의 영향으로부터 자유로울 수 없음을 인정하지만 그것을 최대한 통제함으로써 양질의 데이터를 확보한다. 우리는 관측 데이터에 내재된 지식을 발견해내고 우리의 추측이 맞는가를 데이터로 확인한다.

1장. 우연과 확률 RANDOMNESS AND PROBABILITY

- 우연 사건이 발생하는 이유는?

동전을 던져보자. 어떤 때는 앞면이 나오고 어떤 때는 뒷면이 나온다. 다음에 어느 면이 나올지는 미리 알 수 없다. 이런 것이 우연 사건(偶然事件, random event)이다. 우연 사건은 왜 발생하는가? 사실은, 동전 던지기에서는 동전의 초기 조건이 결과를 결정한다. 따라서 초기 조건을 정확히 제어하면 임의의 특정 면을 나오게 하는 것이 가능하다. 전문적인 놀이꾼은 그것을 실현하기 하기 위하여 엄청난 훈련을 한다. 일반인들은 그 만큼 연습하지도 않거나 재능이 따르지 않는다. 일반인들에게 동전 던지기는 우연 사건일 뿐이다.

이와 같이 우연 사건의 배후에는 그것을 결정하는 요인이 있으나 우리들은 그것을 알지 못하거나 제어하지 못한다. 예컨대 건강하던 사람에게 갑자기 병이 생기는 일이 그렇다. 우리들은 우리 자신들이 언제 어떤 병에 걸릴지를 미리 알지 못한다. 종교를 가진 사람들은 초자연적인 존재, 즉 신(神)이 그것을 결정한다고 믿는다. 신이 동전 던지기를 한다고 생각하는 것은 아니지만.

- 인위적 우연성의 쓰임새

우연 사건을 인위적으로 생성시켜 쓰는 경우가 있다. 공정성을 보장하기 위한 사회적 도구로, 그리고 신뢰성 확보를 위한 과학적인 도구로 쓰인다. 예컨대 복권과 여론조사에서의 임의추출이 그렇다. 또한 우연 사건은 도박이나 놀이의 방편으로도 쓰인다. 한 예로서, 통일신라시대 안압지에서는 사각면 6개와 삼각면 8개인 14면체 주사위를 써서 술자리 도구로 썼다 (그림 1 참조). 이 주사위의 면에는 임의청가(任意請歌, 임의로 노래시키기), 금성작무(禁聲作舞, 소리내지 않고 춤추기), 삼잔일거(三盞一去, 세잔을 한번에 마시기), 음진대소(飮盡大笑, 다 마시고 크게 웃기) 등 신라인의 풍류가 새겨져 있다.

- 확률 계산의 원리

우연 사건의 개별적 결과는 불확실하지만 우연 사건의 장기적 결과는 거의 확실하다. 이에 따라 우연 현상을 '확률'로 정량화한다. 예컨대 동전 던지기에서 앞면과 뒷면은 대칭적이기 때문에 각각의 '확률'이 1/2이다. 이런 확

그림 1: 14면체 주사위

률을 논리적 확률 또는 수학적 확률이라고 한다. 그러나 질병 발생에 대하여는 논리적 정량화가 어렵다. 이런 경우에는 많은 건강한 사람들 중 몇 명에서 질병이 생겼는가를 조사한다. 예컨대 100,000(십만)명의 건강인 가운데 매년 1,000명에게서 암이 발생하는 것으로 조사되었다면 암 발생 확률은 1,000/100,000 = 1/100, 즉 1%로 추정된다. 이런 확률을 경험적 확률 또는 통계적 확률이라고 한다. 암 발생에 관한 경험적 확률은 성과 나이 등 인구적 요인에 따라, 직업과 주거지 등 사회적 요인에 따라 다를 수 있다.

논리적 확률과 경험적 확률이 배치되는 것은 아니다. 대부분의 도박에서 특정 사건이 발생할 확률은 논리적 계산이 가능하지만 매우 어렵다. 그것을 전문적인 도박꾼은 수많은 경험으로부터 추론해낸다. 그러나 실제 도박을 하지 않고도 컴퓨터를 활용하여 전문 도박꾼의 경험적 추론을 얻어낼 수 있으므로 많은 시간과 돈을 도박에 투입하는 사람은 어리석다. 컴퓨터가 더 잘 하는 단순한 일을 인간이 대신하는 것이므로.

- **확률 게임으로서의 도박, 복권, 보험**

1,000원짜리 복권을 사는 경우를 생각하기로 한다. 문제를 단순화하여 복권의 당첨액이 1억 원, 당첨확률이 200,000분의 1, 즉 0.000,005라고 하자. 그러면 무엇을 기대할 수 있는가? 기댓값은 100,000,000원*0.000,005 = 500원이다. 실제로 1,000원 짜리 로또 복권의 기댓값은 500원이다. 그렇기 때문에 수학자들은 복권을 사는 것은 어리석은 일이라고 말한다. 1,000원을 투자하여 평균적으로 500원만 회수하는 꼴이 되는 것이기 때문이다. 그런데도 불구하고 일반 사람들은 복권을 계속 산다. 복권을 사는 사람들은 정말 바보일까? 그렇지 않다. 오히려 수학자의 계산에 문제가 있다. 수학적 기댓값 계산에는 복권이 개인에 주는 효용적 가치가 고려되어 있지 않다. 수학적 계산은 총계적인 관점에서만 유용하다.

사람들은 복권을 사며 꿈을 꾼다. 1억 원짜리 복권이 당첨된다면 그것은 짜릿한 사건이 될 것이다. 새 차를 살 수 있을 것이다. 아니면 온 가족이 한 달 동안 해외여행을 갈 수 있을 것이다. 그러나 그까짓 1,000원은 없는 것이나 마찬가지로 생각한다. 그러므로 복권을 사는 사람들에게 있어 복권 구입은 아주 적은 비용으로 어쩌면 1억 원을 벌 수 있는 기회를 만드는 일이다.

그러면 보험은 어떠한가? 확률이 20,000(이만) 분의 1인 특정 질병에 대한 보험을 1만원을 주고 든다고 하자. 만약 질병이 발생하는 경우 보험 든 사람이 1억 원을 받기로 하고. 수학적 기댓값은 복권의 문제에서와 같다. 개인 수준에서의 효용적 가치도 복권에서와 다르지 않다. 그렇다고 수학자들이 보험 구매를 어리석은 일이라고 말하는 것은 보지 못하였다. 기댓값이 모든 것을 의미하지 않는다. 개인 보험 가입자는 질병 발생으로부터 결과 될 재앙을 적은 비용으로 대비하고 싶은 것이다.

도박이나 복권, 보험은 크게 보면 모두 확률 게임에 해당한다. 다른 점이 있다면 도박은 '합이 영인 게임'이다. 즉 따는 사람이 있으면 반드시 잃은 사람이 있고 누군가가 따는 만큼을 누군가는 잃게 되어 있다. 따라서 도박을 합(合)이 0인 게임(zero-sum game)이라고 한다. 그러나 복권과 보험은 그렇지 않다. 구매자 또는 가입자도 득을 보고 복권 회사나 보험 회사도 득을 본다. 수지타산의 관점이 다르기 때문에 그것이 가능하다. 그러므로 복권과 보험은 모두가 이기는 윈윈(win-win) 게임이다. 복권과 보험이 서로 다른 점은 복권의 경우는 좋은 일에 대하여, 보험의 경우는 나쁜 일에 대하여 준비하는 것이다. 그 이상도 이하도 아니다.

- **엑셀 Excel**

엑셀 Excel은 단순한 사무용 소프트웨어가 아니다. 이것은 전자 연필과 종이(electronic pecil and paper)이다. 수학 문제를 푸는 데 요긴한 도구이다. 5절, 6절, 7절에서 우리는 엑셀로 수학 문제를 풀 것이다. 엑셀에 문외한이라면 이 책을 덮어야 할까? 그렇지 않다. 15분이면 배울 수 있으니까. 부록의 첫 세 페이지를 읽어보라

1. 우연과 확률

세상엔 우연하게 결정되는 일들이 있다. 로또 복권을 1매 구입한다고 하자. 대박이 터질 것인지, 아닌지는 순전히 우연이다. 결혼해서 아이를 낳는다고 하자. 남자 아이가 나올까, 여자 아이가 나올까? (둘 다 나오는 경우도 있다). 출산을 앞 둔 부부에게는 실로 궁금한 일이고 신비한 일이다. 이 장에서 나는 이 두 문제를 다룰 것이다. 두 번째 문제부터 들어다 보자.

태아의 성은 정자와 난자의 유전자 결합에 의하여 결정되는 것으로 알려져 있다. 그러나 그것을 제어할 어떤 지식과 기술을 갖추지 않은 일반인들에게 출생아의 성은 우연 현상으로 인지된다. 확률은 이런 우연 현상의 정량적 표현인데 두 가지 형태가 있다.

첫째는 논리적 연역으로부터이다. 대표적인 예로서, 동전 쳐올리기(coin tossing)에서 어느 면이 나올지 생각하자. 동전에는 윗면과 아랫면이 있다. 쳐올려진 동전의 운동은 역학적 원리에 따라 결정되는데 쳐올리는 세기와 관련된 초기조건에 매우 민감한 것으로 알려져 있다. 초기조건이 약간만 다르면 윗면에서 아랫면으로, 아랫면에서 윗면으로 결과가 쉽게 바뀐다는 뜻이다. 따라서 쳐올리기의 세기를 기막히게 제어하는 재주가 없다면 윗면 또는 아랫면이 나올 가능성은 동등하다. 그러므로 윗면의 확률은 아랫면의 확률과 같고, 따라서 각 확률은 1/2이다. 이런 확률은 논리적 확률 또는 수학적 확률이라고 하는데 여러 분들은 이런 확률을 고등학교 수학에서 충분히 배웠을 것이다. 정리하자면 수학적 확률은 다음과 같이 연역적으로 얻어진다.

> **수학적 확률:** 어떤 사건의 시행 결과가 K개 중의 하나로 나타나고 이들 K개 결과가 동등한 가능성을 갖는다고 가정할 수 있다면, 각 결과는 $\frac{1}{K}$의 확률을 갖는다.

여기서 핵심은 각 결과의 가능성이 사전적으로 동등하다는 가정이 과연 합당한가를 따지는 데 있고 이 부분이 흥미로운 점인데, 이야기가 길어지므로 이쯤에서 자르기로 한다. 사실 동전의 확률 문제는 너무 단순하다. 그런데도 불구하고 고등학교 중고교 수학에서 빈번하게 다룬다. 왜 그런가? 주 사례(leading case)로서의 가치가 있기 때문이다.

이제 출생아의 성별 문제에 이 수학적 확률을 적용할 수 있을지 생각해보자. 난자와 정자의 유전자 결합에서 남자가 될 가능성과 여자가 될 가능성이 동등하다고 볼 수 있는가? [예/아니오] 왜 그렇다고 생각하는가?

인간은 경험으로부터 많은 것을 배운다. 연역적인 사고를 하는 한편 귀납적 사고를 하는 것이다. 수천 년 전부터 인류는 태어나는 아이들을 성별로 분류하여 대략 세어왔다. 그 결과 남자 아이의 비율이 0.5 정도이지만 이보다 다소 크다는 것을 알게 되었다. 다음은 좀 더 체계적으로 센 결과이다.

> 우리나라 통계청(http://kostat.go.kr)의 집계 결과 1: 2002년도에 우리나라에서 모두 494,625명이 태어났다. 그 중에서 첫째 아이는 239,184명이었는데 이 중에서 남자 아이가 123,355명, 여자 아이가 115,829명이었다. [왜 첫째 아이에서 수치를 뽑았는지에 대하여는 곧 알게 될 것임.] 따라서 첫째 아이들 중 남자 아이 비율은 0.516 (=123,355 /239,184), 즉 51.6%이다.

남자 아이의 비율이 50%를 1.6%P만큼 초과한다는 것인데 이까짓 차이가 별 것 아니라고 생각하면 안 된다. 수치적 준거의 크기가 24만 정도인 것을 고려하면 상당한 차이인 것이다. 이런 사례들 때문에 다음과 같이 경험적 확률, 즉 통계적 확률이 나오게 된다.

> **통계적 확률:** 어떤 시행을 총 N 번 관측하여 특정 결과 A가 모두 몇 번 나타났는지 세어본 결과 n 번이었다면 A의 확률은 $\frac{n}{N}$이다.

여기서 핵심은, 1) 당연하게도 N이 커야 확률 값을 신뢰할 수 있다는 것, 2) 이제까지의 시행과 앞으로의 시행이 다르지 않아야 한다는 것이다. 그렇지 않으면 통계적 확률은 의미가 없다. 다음 통계를 보자.

> 통계청의 집계 결과 2: 2002년도에 우리나라에서 태어난 둘째 아이들은 202,594명이었고 셋째+(셋째 이상) 아이들은 48,876명이었다. 둘째 아이들 중 남자 아이 비율은 51.8%, 셋째+ 아이 중 남자 아이 비율은 58.5%였다.

따라서 첫째 아이가 남자 아이일 확률과 둘째 아이가 남자 아이일 확률은 별로 다르지 않지만 셋째+ 아이가 남자 아이일 확률은 확연히 높다. 그렇다는 이야기는 첫째와 둘째 아이가 남자 아이일 확률을 44만 명 자료로부터 추정했다고 해도 셋째 아이가 남자 아이일 가능성을 예측하는 데는 도움이 되지 않는다는 이야기이다. 왜 이럴까?

셋째 아이의 성이 결정되는 과정에 불법적 낙태와 같은 인위적 개입이 있었다고 볼 수밖에 없다. 윤리적·사회적 측면에서 큰 문제가 아닐 수 없다.

이제까지 우리나라의 2002년 출생성비를 살펴보았다. 그 이후로는 어떨까? 다음은 2000년부터 2009년까지의 연도별 출생성비이다. 앞에서는 출생성비를 남자아이의 비율(%)로 보았는데 아래는 여자아이 100명당 남자아이의 수로 본 출생성비이다.

	전체	첫째	둘째	셋째+
2000년	110.2	106.3	107.4	144.2
2001년	109.1	105.5	106.4	141.5
2002년	110.0	106.5	107.3	141.4
2003년	108.7	104.9	107.0	136.9
2004년	108.2	105.1	106.2	133.0
2005년	107.8	104.8	106.5	128.5
2006년	107.5	105.7	106.0	121.9
2007년	106.2	104.5	106.0	115.7
2008년	106.4	104.9	105.6	116.7
2009년	106.4	105.1	105.8	114.3

첫째 아이의 경우 출생성비는 인류의 자연적 수준(105~106)에 있고 둘째 아이도 그렇다. 문제는 셋째이상 아이의 출생성비인데 2000년의 144.2에 비해 2009년은 114.3으로 대폭 개선되었다. 그러나 2009년 현재도 자연적 수준에 이르지는 못하였다. 이것은 아직도 불법적 낙태가 시행해지고 있음을 말해주는 통계적 증거이다.

2. 남자 아이를 낳을 때까지

어느 부족사회에서는 남자 아이를 갖고자 하는 사회적 전통이 강하여 첫째 남자 아이를 가질 때까지 계속 아이를 낳는다고 하자. 그리고 계속 낳는 일이 가능하다고 하자. 그러나 일단 남자 아이를 1명 낳으면 더 이상 아이를 갖지 않는다고 하자. 그러면 어떻게 될까? 남녀 비가 어떤 영향을 받을까? 평균 몇 명을 낳게 될까?

남자 아이를 낳을 확률을 p, 여자 아이를 낳을 확률을 q라고 하고 쌍둥이는 없다고 하자 $(p+q=1)$. 그리고 부부가 낳게 될 총 아이의 수를 변수 X로 나타내자. 첫째 아이에서 출산이 종료되는 경우 (첫째 아이가 남자 아이인 경우), 즉 $X=1$에 대한 확률은 p이다. 둘째 아이에서 출산이 종료되는 경우 (첫째 아이가 여자 아이이고 둘째 아이가 남자 아이인 경우), 즉 $X=2$에 대한 확률은 qp이다. (첫째와 둘째 아이가 여자 아이이고 셋째 아이가 남자 아이인 경우), 즉 $X=3$에 대한 확률은 q^2p이다. 이런 식으로

$$P\{X=k\}=q^{k-1}p, \quad k=1,2,3,\cdots$$

이니까 그 기댓값은

$$E[X]=\sum_{k=1}^{\infty} k\,P\{X=k\}=1\,p+2\,q\,p+3\,q^2p+\cdots$$

으로 표현된다. 이것을 어떻게 계산할 것인가? 겁낼 것 없다.

무조건 낳게 될 첫째 아이는 확률 p로 남자 아이이거나 확률 q로 여자 아이이다. 남자 아이이면 더 이상 아이를 낳지 않는다. 여자 아이이면 다시 처음부터 시작해야 한다. 따라서 후자의 경우에 앞으로 낳게 될 아이 수의 기댓값은 $E[X]$이다. 그러므로 다음 식이 성립해야 한다.

$$E[X]=p\cdot 1+q\cdot(1+E[X]).$$

그림 2을 보라. 따라서

$$(1-q)\,E[X]=1,$$

즉

$$E[X]=\frac{1}{1-q}=\frac{1}{p}$$

이다. 확률변수 X에는 남자 아이가 1명 포함되어 있으므로 여자 아이 수에 대한 기댓값은

$$E[X-1]=\frac{1}{p}-1=\frac{q}{p}$$

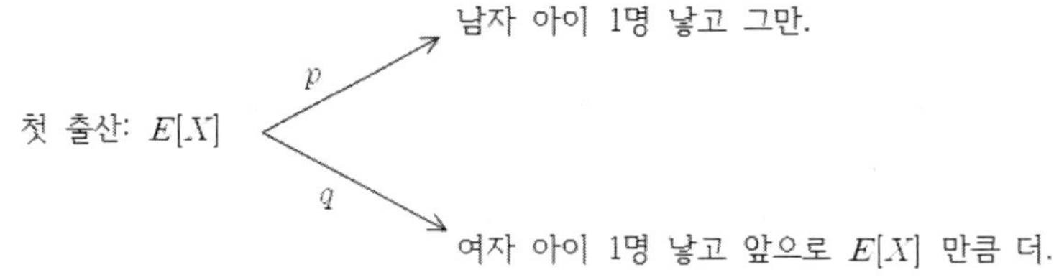

그림 2: 남자아이를 낳을 때까지

가 된다. 따라서 남자 아이와 여자 아이의 비는

$$1 : \frac{q}{p} = p : q$$

로 출생 성비와 일치한다. 다시 말하여, 첫째 남자 아이를 가질 때까지 계속 아이를 낳는다고 하더라도 전체적인 남녀의 출생 성비는 바뀌지 않는다.

물론 남아 선호에 집착하여 둘째 또는 셋째 아이부터 출생성비를 인공적으로 조정하는 경우 전체적인 남녀 성비가 바뀔 것이다. 우리나라가 그런 경우인데 이와 같이 자연 질서를 위배함으로써 어떤 일이 닥칠지 숙고해볼 필요가 있다.

3. 로또의 확률

로또 6/45는 45개 숫자 중에서 6개를 골라서 모두 맞추면 1등 당첨이 되는 복권이다. 2등부터 5등도 있지만 여기선 일단 1등만 고려할 것이다. 여러 명이 1등일 수 있고 아무도 1등이 못될 수도 있는데 1등 당첨자가 없는 경우 다음 회로 이월된다 (2회까지). 총 당첨 금액은 전체 복권판매액의 50%이다. 1등은 총 당첨금액 중 4등과 5등 당첨금의 총액을 제외한 금액의 75%를 당첨금으로 받는다. 2등과 3등은 총 당첨금액 중 4등과 5등 당첨금의 총액을 제외한 금액의 12.5%와 12.5%를 당첨금으로 받는다. 당첨자가 여러 명이면 당첨금을 나누어갖는다 (http://www.645lotto.net 참조). 그림 3을 보라.

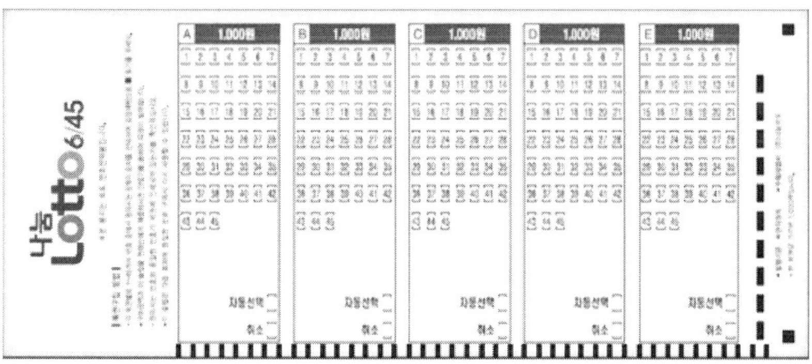

그림 3: 로또 6/45

복권에서는 당첨 확률과 기댓값이 관건이다. 먼저 당첨 확률을 보자. 1등은 순서에 관계없이 45개 숫자 중에서 6개를 맞추면 되므로 당첨 확률은

$$\frac{6}{45} \times \frac{5}{44} \times \frac{4}{43} \times \frac{3}{42} \times \frac{2}{41} \times \frac{1}{40}$$

이다. 이것을 계산해보면 8,145,060분의 1이다. 그러니까 814만명이 1매씩 구입하는 경우 평균 1명이 당첨되는 셈이다. 이와 같은 식으로 2등부터 5등까지의 당첨 확률을 계산할 수 있는데 여기서는 시행사의 계산 결과를 옮기기로 한다.

2등: 5개 숫자 일치, 보너스 숫자 일치	확률 1/1,357,510
3등: 5개 숫자 일치, 보너스 숫자 불일치	확률 1/35,715
4등: 4개 숫자 일치	확률 1/733
5등: 3개 숫자 일치	확률 1/45

다음 표는 로또 6/45의 449회차(추첨일 2011/7/9)의 당첨결과인데 총 판매금액이 50,214,272,000원이었다. 그러므로 총 판매복권 수는 50,214,272매이었을 것이다. 2011년 7월 우리나라 인구가 48,710,000명이므로 449회차 로또복권을 1인당 1매 이상 구입한 셈이다. 당첨자 수는 1,181,325명이나 되지만 그 중에서 단 3명이 총 당첨금액의 48.5%를 가져간 것을 볼 수 있다. 엄청난 몰아주기 게임이다.

등위	1인당 당첨금액	당첨자 수	총 당첨금액	구성비(%)
1등	4,059,715,250	3	12,179,145,750	48.5
2등	52,047,632	39	2,029,857,648	8.1
3등	1,567,458	1,295	2,029,858,110	8.1
4등	50,000	65,963	3,298,150,000	13.1
5등	5,000	1,114,025	5,570,125,000	22.2
	합계	1,181,325	25,107,136,508	100.0

로또 6/45는 총 판매액의 50%를 당첨금으로 쓰게 되어 있으므로, 복잡한 계산이 필요 없이 1,000원짜리 복권에 대한 기댓값은 500원이다. 그러므로 복권을 사는 순간, 속절없이 복권값의 절반이 기대적으로 소멸되는 것을 각오해야 한다. 그래서 수치 꽤나 아는 사람들은 복권 구입이 멍청이 짓이라고 생각한다. 과연 그럴까?

사람들이 복권을 구입하는 것은 당첨금이 제공하는 "특별한 가치" 때문일 것이다. "인생 역전"으로 표방되는 환상이 그것과 관련 있다. 그러므로 특별한 가치를 고려하지 않은 수학적 기댓값에 문제가 있는 것이지 복권 구입자에 문제가 있는 것은 아니다.

예컨대 연소득 4,000만 원인 직장인 A씨의 경우 1,000원이 1단위의 가치가 있지만 당첨금 40억 원은 천만 단위의 가치가 있다고 하자 (당첨금 40억 원은 그에게는 100년 소득에 해당한다). 그러면 그에게 당첨 확률이 8백만의 1인 1,000원 짜리 복권이 갖는 기댓값은

특별한 가치 1000만 단위 × (1/800만)

로 1단위보다 크므로 복권 구입을 하는 것이 전혀 불합리한 결정이 아니다.

그러나 400억 원대 재산가인 B씨에게 1,000원은 1단위의 특별한 가치가 있고 40억 원은 단순 비례값인 400만 단위의 가치가 있을 뿐이라고 하자. 그러면, 그에게 1,000원 짜리 복권이 갖는 기댓값은 특별한 가치의 단위로

특별한 가치 400만 단위 × (1/800만)

로 1단위보다 작으므로 복권 구입을 하는 것이 불합리한 일이다.

그런 까닭에 고소득층은 복권에 관심이 없는 반면 저소득층은 열성적이 되는 것이다. 이런 식으로 정부는 국가적 공익사업 기금을 저소득층 부담으로 조성한다.

4. 확률 문제의 고전

어느 분야에서도 고전(古典, classic)은 지식의 원천이다. 이 절에서는 고전적 확률 문제를 소개하고 풀이할 것이다.

쉬발리에 드 메레 씨의 의문과 파스칼·페르마의 풀이

17세기 프랑스의 작가 쉬발리에 드 메레(Chevalier de Mere)가 갖고 있던 의문을 풀어보자. 그는 당시 유행하던 다음 2개의 게임을 비교하고자 했다.

1) 동일한 주사위를 4번 던져서 그 중 한번이라도 1의 눈이 나오는 경우 플레이어가 이긴다. 그렇지 않으면 플레이어는 진다.

2) 24차례에 걸쳐 주사위 2개를 던지는데 한 차례라도 2개 주사위 모두에서 1의 눈이 나타나면 플레이어가 이긴다. 그렇지 않으면 플레이어가 진다.

메레 씨는 게임 1과 게임 2에서 플레이어 승률이 동일하다고 생각하였는데 그 이유는 다음과 같다.

게임 1에서 첫 번째 주사위에서 1의 눈이 나올 확률은 1/6이다. 그런데 1의 눈이 나오면 플레이어가 이긴다. 그러므로 승률 1/6이 확보된다. 두 번째 주사위에서 1의 눈이 나올 확률도 1/6이다. 그 경우 승률 1/6이 추가된다. 이런 식으로 네 번째 주사위까지 가면 최종 승률은 4/6이다.

게임 2에서 첫 차례의 2개 주사위가 모두 1의 눈으로 나타나 플레이어 승리가 조기 확정될 확률은 1/36이다. 두 번째 차례의 2개 주사위에서 모두 1의 눈이 나올 확률도 1/36이다. 이제까지의 승률 합은 2/36이고, 이런 식으로 24차례에 걸쳐 승률이 누적되므로 최종 승률은 24/36이다. 그런데

$$4/6 = 2/3, \quad 24/36 = 2/3$$

이므로 앞의 두 게임은 확률적으로 동일하다.

그러나 세간의 중론은 게임 1이 플레이어에게 더 유리하다는 것이었다. 물론 이 주장은 수많은 경험으로부터의 느낌을 종합한 것이며 정밀한 기록에 의한 것은 아니었지만 메레 씨는 뭇 사람들을 무시할 수 없었다. 그렇다고 자신의 논리에 어떤 하자가 있다고 생각하지 않았으므로 당대의 철학자인 파스칼(Blaise Pascal, 1623∼1662)에게 자신의 의문을 이야기 하였고, 파스칼은 판사로서 수학에 심취하

였던 페르마(Pierre de Fermat, 1601~1665)에게 도움을 청하여 같이 해결을 모색하였다.

게임 1에서 첫 번째 주사위에서 1의 눈이 나올 확률은 1/6이고 일단 플레이어의 승률 1/6이 확보된다는 것은 맞는 이야기이다. 그런데 두 번째 주사위에서 승률 1/6이 추가된다는 것은 옳지 않다. 왜냐? 만약 게임 1에서 동일 주사위를 두 차례만 던진다고 하면 모두 36가지의 가능한 경우에서 플레이어가 이기는 경우는

$$(1,1),(1,2),(1,3),(1,4),(1,5),(1,6),(2,1),(3,1),(4,1),(5,1),(6,1)$$

로 모두 11가지이다. 그러므로 승률 합은 11/36으로 그가 생각했던 승률 합 2/6보다 1/36이 작다. 왜 이와 같은 차이가 발생했는가?

두 번째 시행 이내에 플레이어 승리가 확정되기 위해서는 첫 번째 시행에서 플레이어 승리가 확정되거나 두 번째 시행에서 비로소 플레이어 승리가 확정되어야 한다. 첫 번째 경우의 확률은 메레 씨가 생각한대로 1/6이나 두 번째 경우의 확률은 메레 씨의 생각과는 달리 1/6이 아니라 5/36이다. 왜냐하면 첫 번째 주사위에선 1의 눈이 나오지 않아야 두 번째 시행으로 넘어가게 되고 두 번째 시행에서 1의 눈이 나와야 하기 때문이다. 첫 번째 주사위에서 1의 눈이 나오지 않을 확률은 5/6이고 두 번째 시행에서 1의 눈이 나올 확률은 1/6이다. 그러므로 이 경우에 대한 확률은

$$(5/6) \times (1/6) = 5/36$$

인 것이다. 이런 식으로 총 4회에 걸친 주사위 게임에서 1의 눈이 적어도 한 차례 나올 확률은

$$1/6 + (5/6) \times (1/6) + (5/6)2 \times (1/6) + (5/6)3 \times (1/6) = 671/1296 = 0.518$$

이다.

다른 방법도 있다. 플레이어가 질 확률을 구하고 1에서 그 확률을 빼면 된다. 플레이어가 지는 경우란 네 차례 시행에서 모두 1이 아닌 눈이 나오는 것으로 그 확률은 $(5/6)^4$이므로 플레이어가 이길 확률은

$$1 - (5/6)^4 = 1 - 625/1296 = 671/1296 = 0.518$$

인 것이다.

바로 이 방법을 게임 2의 게임에 적용하면 쉽게 플레이어의 승률을 구할 수 있다. 즉, 1회 게임에서 플레이어 승률은 1/36이므로 24 차례 시행에서 적어도 1회 1의 눈이 나옴으로써 플레이어가 이길 확률, 총 승률은

$$1 - (35/36)^{24} = 1 - (0.9722)^{24} = 1 - 0.509 = 0.491$$

이다.

이제까지 논의를 종합해보면 게임 1에서 플레이어가 이길 확률은 51.8%, 게임 2에서 플레이어가 이길 확률은 49.1%이다. 그러므로 기회가 주어진다면 플레이어는 당연히 게임 1을 택하여야 하는 것이다.

어렵지 않은 확률 계산이지만 메레 씨의 의문이 파스칼을 거쳐 페르마에까지 간 것을 보면 18세기까지만 해도 확률의 합 법칙과 곱 법칙이 정립되지 않았음을 알 수 있다.

- **확률의 합 법칙:** 두 사건 A와 B가 배반적이면 (A와 B 모두에 해당되는 경우가 없으면) A 또는 B에 대한 확률은 A의 확률과 B의 확률을 더하여 얻는다. 즉

$$P\{A \text{ or } B\} = P\{A\} + P\{B\}.$$

- **확률의 곱 법칙 1:** 두 사건 A와 B가 독립적이면 (A의 발생이 B의 발생에 영향을 줄 수 없고 반대로 B의 발생이 A의 발생에 영향을 줄 수 없는 경우), 'A 그리고 B'에 대한 확률은 A의 확률과 B의 확률을 곱해 얻는다. 즉

$$P\{A \text{ and } B\} = P\{A\} \cdot P\{B\}.$$

- **확률의 곱 법칙 2:** 만약 두 사건 A와 B가 독립이지 않다면, 'A 그리고 B'의 확률은

$$P\{A \text{ and } B\} = P\{A\} \cdot P\{B|A\} \quad (= P\{B\} \cdot P\{A|B\}).$$

베르누이의 확률 문제와 풀이

이 문제와 풀이는 J. 베르누이(1654-1705)의 추측술(Ars Conjectandi; 조재근 역, 2008)에서 따온 것이다 (45쪽).

- 2명의 플레이어 A와 B가 교대로 반복하여 주사위 2개를 던지는 게임이다. A가 선(先)이다.

- A가 던진 2개 주사위가 눈의 합 6이 되면 A가 이긴다. 단일 시행에서 그런 사건의 확률은 5/36이다.

- B가 던진 2개 주사위가 눈의 합 7이 되면 B가 이긴다. 단일 시행에서 그런 사건의 확률은 6/36이다.

- A와 B는 각자 1원을 내고 게임을 한다. 먼저 조건을 만족시키는 플레이어가 이긴다.

질문: 이 게임은 A와 B 중에서 누구에게 유리한가?

풀이: A의 첫 시행 시작 전 기댓값을 x, 첫 시행 실패 후 기댓값을 y라고 하자. 첫 시행에서 5/36의 확률로 A가 이기거나 (게임 종료) 아니면 31/36의 확률로 B에게 차례가 돌아간다. 이에 따라

$$x = \frac{5}{36} \cdot 2 + \frac{31}{36} \cdot y. \tag{1}$$

두 번째 시행은 B가 주도하는데 6/36의 확률로 A가 지거나 (게임 종료) 아니면 30/36의 확률로 A에 기회가 다시 주어지는데 그때의 상황은 게임을 처음 시작할 때와 같다. 이에 따라

$$y = \frac{6}{36} \cdot 0 + \frac{30}{36} \cdot x. \tag{2}$$

(1)과 (2)를 연립하여 풀면,

$$x = \frac{60}{61}, \quad y = \frac{50}{61}.$$

$x < 1$이므로 이 게임은 A에 불리하다. ■

5. 도박꾼의 파산: 모의시행

카지노를 상대로 승률이 $p < 0.5$인 게임을 한다고 하자. 당연하게도 카지노 게임들은 이와 같이 플레이어에게 다소 불리하다. 예컨대 룰렛(Roulette) 홀짝(Odd or Even)의 경우 플레이어가 이길 확률은 18/38로 0.5보다 약간 작다 [블랙잭(Black Jack)은 다소 복잡하여 여러 설이 있는데 플레이어가 잘 하면 아주 약간 유리할 수도 있는 게임으로 알려져 있다. 벤 메즈리치, 2003, ≪MIT 천재들의 카지노 무너뜨리기≫를 읽어볼 것]. 플레이어의 판돈이 5만원이고 한 판에 1만원씩 건다고 하자. 그는 50판만 하려고 한다. 물론 그 전에 돈이 떨어지면 더 이상 할 수 없다. 그가 마지막 판까지 버틸 확률은 얼마쯤일까?

쉽지 않은 확률 문제일 것이다. 그래서인지 사람들은 별 궁리 없이 실행에 나선다. 직접 카지노에 가서 해보는 것이다. 물론 카지노를 한 번 가는 것으로는 확률 계산이 될 턱이 없다. 부지런히 매우 여러 번 가야 할 것이다. 한 100번쯤? 그렇다면 500만원이나 있어야 한다. 싸게 하는 방법이 없을까?

이런 방법으로 몬테칼로(Monte Carlo)라는 컴퓨터 모의시행(simulation) 기법이 있다. 컴퓨터에서 룰렛 게임을 반복하여 보고 결과를 종합하는 것이다. 여기서는 엑셀 프로그램을 이용해 보자. 그림 4의 엑셀 화면을 보면서 다음을 따라 하라 (실습파일명: '1장 우연의 확률 updated.xls'의 '도박꾼의 파산' 탭). 엑셀 초보자는 부록 1절을 보라.

- 초기화: 칸 A3에 게임 번호 1을 넣는다. 칸 C1에는 '=18/38', 즉 승률을 넣는다. D2에는 첫 판돈 5를 넣는다.

- 칸 B3에는 '`=RAND()`'를 넣는다. '`RAND()`'는 0과 1사이 난수를 발생시키는 엑셀 함수이다.

- 칸 C3에는 '`=IF(B3<C$1,1,-1)`'을 넣는다. 엑셀의 `IF()` 함수는

  ```
  =IF(logical_test, value_if_true, value_if_false)
  ```

  로 구성된다. 즉 `logical_test`가 `TRUE`이면 `value_if_true` 값을 갖고 `FALSE`이면 `value_if_false` 값을 갖는다. 따라서 C3가 +1일 확률은 C1($=\frac{18}{38}$)이다. 나머지 확률($=\frac{20}{38}$)로 C3는 −1이 된다.

- 칸 D3에는 '`=D2+C3`'를 넣는다. D2(=5)는 첫 판돈이므로 D3는 1회의 플레이가 지난 후 플레이어의 잔액이다.

- 칸 E3에는 다음 플레이가 진행될 수 있는 상태인가를 나타낸다. 플레이가 진행될 수 있으려면 전회 플레이에서 살아있는 상태여야 하고 플레이어의 잔액

	A	B	C	D	E
1	Play Roulette!		0.4737	Cash Flow	Status
2	GAME	RAND	W/L	5	TRUE
3	1	0.31	1	6	TRUE
4	2	0.71	-1	5	TRUE
5	3	0.81	-1	4	TRUE
6	4	0.20	1	5	TRUE
7	5	0.93	-1	4	TRUE
8	6	0.69	-1	3	TRUE
9	7	0.74	-1	2	TRUE
10	8	0.79	-1	1	TRUE
11	9	0.36	1	2	TRUE
12	10	0.39	1	3	TRUE
13	11	0.23	1	4	TRUE
14	12	0.10	1	5	TRUE
15	13	0.64	-1	4	TRUE
16	14	0.38	1	5	TRUE
17	15	0.83	-1	4	TRUE
18	16	0.90	-1	3	TRUE
19	17	0.68	-1	2	TRUE
20	18	0.92	-1	1	TRUE
21	19	0.14	1	2	TRUE
22	20	0.87	-1	1	TRUE
23	21	0.75	-1	0	FALSE
24	22	0.67	-1	-1	FALSE
25	23	0.71	-1	-2	FALSE
26	24	0.99	-1	-3	FALSE

그림 4: 도박꾼의 파산

이 플러스여야 한다. 즉 E3에는 '=AND(E2, D3>0)'이 입력된다. 이를 위해 칸 E2에 미리 'TRUE'를 넣어둔다.

- 4번째 줄(=게임 2)부터 52째줄(=게임 50)까지는 각각 앞줄의 copy이다.

앞의 엑셀 화면은 게임 1에서 게임 24까지의 상황인데 플레이어는 재수 없게도 게임 21에서 판돈이 거덜 났음을 보여준다. 이와 같은 엑셀 모의시행은 돈 한 푼 안 들이고 실제 카지노 룰렛을 한 것과 같은 효과를 내는데 이와 같은 연구 방법을 몬테칼로 기법이라고 한다. 몬테칼로(Monte Carlo)는 카지노로 유명한 프랑스의 도시 이름이다

이제 앞의 엑셀 프로그램을 반복 시행해보자. B3에 들어가서 F2키를 눌러 칸의 내용을 불러낸 뒤 엔터 키를 누르면 화면 전체가 새로 바뀐다. 다음은 내가 얻은 결과이다. 숫자는 게임 종료 번호 ('50+'는 50회 게임 이후에 판돈이 남았음을 의미한다).

19,	7,	35,	50+,	50+,	13,	21,	17,	50+,	11,
50+,	7,	39,	25,	50+,	11,	50+,	17,	50+,	50+.

총 20회의 시행중 '50+'는 모두 8회 나타난다. 따라서 '50+'의 확률은 $\frac{8}{20}$이라고 할 수 있겠는데 이것을 더 정확히 하려면 지금과 같은 20회의 시행으로는 충분하지 않다. 훨씬 많은 수, 예컨대 1,000회 정도의 시행이 필요할 것이다.

앞에서는 게임을 50회만 하기로 했는데 도박하는 사람 쳐 놓고 이런 절제심을 갖는 사람은 드물다. 대부분 끝까지 간다. 그랬을 때 도박꾼이 이길 확률은 얼마인가? 매 게임의 승률이 0.5 또는 그 미만인 경우 카지노를 상대로 도박꾼이 이길 확률은 0이다! 여기서는 다루지 않겠지만 확실하게 파산할 것이라는 것이 수학적으로 증명되어 있다 (허명회, 2001, ≪수리통계학 강의≫, 62-67쪽 참조).

6. 우연의 확률

1등 당첨 확률이 814만분의 1인 로또에 당첨되는 일은 우연하게 가능하기는 하나 정말 기가 막히게 드문 일이기 때문에 사람들은 특별한 무엇이 있다고 믿는다. 신령님 계시나 돼지꿈 같은 것 말이다. 그러나 판매된 로또의 수가 814만매라면 누군가 1등에 당첨되는 일은 상식적으로 상당히 기대할 수 있는 일이다. 어느 정도로? 814만 명의 구매자가 1매씩 독립적으로 번호 셋을 임의로 골랐을 때 아무도 1등에 당첨되지 않을 확률은 얼마쯤일까? 답은 0.37이다. 이제부터 어떻게 이 답을 얻을 수 있는지를 설명할 것이다.

로또 번호는 구매가 완료된 후에 뽑히는 것이지만 미리 로또 번호를 정해놓고 복권 판매를 한다고 하더라도 수학적으로는 마찬가지이다. 로또 1매가 1등 당첨 번호를 놓칠 확률은 1 – 1/8,140,000이다. 따라서 814만 명이 모두 1등 번호를 놓칠 확률은

$$(1 - \frac{1}{8,140,000})^{8,140,000}\ (= q)$$

이다. 이 값이 얼마쯤일까? 고교 때 이과 수학을 배운 사람은 금방 알 것인데 이것은 $1/e$이다. 여기서 e는 $2.7182\cdots$이고. 그러니까 q는 0.3679이다. 이것을 모른다면 엑셀에서 직접 계산해 봐도 된다 (실습파일명: '1장 우연의 확률 updated.xls'의 '아무도 로또' 탭).

이와 같이 우연 사건에 관한 확률은 직접 셈해보기 전에는 직관적으로는 알기 어려운 것들이 있다. 다음이 그런 또 1개의 예이다. 축구장 그라운드에는 23명이 뛴다. 팀당 선수가 11명씩 2팀, 그리고 주심 1명이다. 선심은 그라운드 선 밖에 있으므로 무시하고. 이들 중에서 생일이 같은 사람들이 있을 확률은?

n명이 그라운드에 있는 경우, 어느 누구의 생일도 겹치지 않을 확률 p_n을 구해보자 ($n = 1, 2, 3, \cdots$). p_n을 구했다면 누군가의 생일이 중복될 확률은 $r_n = 1 - p_n$이 될 것이다. 어느 누구의 생일이 겹치지 않는 경우를 생각할 것이므로 다음과 같이 단계로 나누어 볼 수 있을 것이다.

- 첫 번째 사람은 1년 365일 가운데 생일이 어느 날이더라도 관계가 없다. 즉 현재까지 어느 누구의 생일과 겹치지 않을 확률은 1 (= 365/365). 겹칠 확률은 0. 따라서 $p_1 = 1$이고 $r_1 = 0$이다.

- 두 번째 사람은 1년 365일 가운데 첫 번째 사람과 생일이 겹쳐서는 안 된다. 따라서 2명의 생일이 겹치지 않을 확률은

$$p_1 \times \frac{364}{365}\ (= p_2)$$

이고 r_2는 $1-p_2$이다.

- 세 번째 사람은 앞의 두 사람과 생일이 겹쳐서도 안 된다. 그 확률은 363/365. 따라서 3명의 생일이 겹치지 않을 확률은

$$p_2 \times \frac{363}{365} \ (= p_3)$$

이고 r_3는 $1-p_3$이다.

- 이런 식으로 반복되는데 패턴을 잘 보면 일반적인 유추가 가능하다. 예컨대 23번째 사람은 앞의 22명과 생일이 겹쳐서도 안 된다. 그 확률은 343/365 (분자 343은 365-22에서 나옴). 따라서 23명의 생일이 겹치지 않을 확률은

$$p_{22} \times \frac{343}{365} \ (= p_{23})$$

이고 r_{23}은 $1-p_{23}$이다.

이와 같으므로 p_{23}을 계산하기에 앞서 $p_1, p_2, p_3, \cdots, p_{22}$를 계산해야 한다. 너무 많다. 어떻게 할까? 포켓 계산기를 써서도 가능하지만 실수로 키를 잘못 누를 가능성이 상당하다. 이런 때 유용한 것이 일종의 전자종이(electronic paper)인 엑셀(Excel)이다. 그림 5의 엑셀 화면을 보라.

그림 5의 엑셀 프로그램에서 n은 그라운드에 들어선 사람 수이고 a_n은 p_n을 산출하기 위하여 임시로 정의된 수열이다 (실습파일명: '1장 우연의 확률 updated.xls'의 '생일문제' 탭).

$n = 2, 3, \cdots, 365$에 대하여

$$a_n = (365 - (n-1))/365, \quad p_n = p_{n-1} \cdot a_n, \quad r_n = 1 - p_n.$$

여기서 $a_1 = 1,\ p_1 = 1,\ r_1 = 0$이다.

그림 5의 엑셀 화면에서 $n = 23$일 때 어느 누구의 생일도 겹치지 않을 확률 p_n이 0.4927로 처음으로 0.5 아래로 떨어지는 것을 볼 수 있다. 말을 바꾸면, 누군가 생일이 겹치지 않을 확률 r_n이 $n = 23$에서 처음으로 0.5를 넘어선다. 따라서 축구장 그라운드에 23명이 들어서면 생일이 같은 사람이 있을 확률이 0.5보다 커진다.

[엑셀로 해보기]

1) 3,256만 명이 로또를 1매씩 구입한 경우 1등 당첨자가 나오지 않을 확률은 얼마인가?

	A	B	C	D
1	n	a_n	p_n	r_n
2	1	1,0000	1,0000	0,0000
3	2	0,9973	0,9973	0,0027
4	3	0,9945	0,9918	0,0082
5	4	0,9918	0,9836	0,0164
6	5	0,9890	0,9729	0,0271
7	6	0,9863	0,9595	0,0405
8	7	0,9836	0,9438	0,0562
9	8	0,9808	0,9257	0,0743
10	9	0,9781	0,9054	0,0946
11	10	0,9753	0,8831	0,1169
12	11	0,9726	0,8589	0,1411
13	12	0,9699	0,8330	0,1670
14	13	0,9671	0,8056	0,1944
15	14	0,9644	0,7769	0,2231
16	15	0,9616	0,7471	0,2529
17	16	0,9589	0,7164	0,2836
18	17	0,9562	0,6850	0,3150
19	18	0,9534	0,6531	0,3469
20	19	0,9507	0,6209	0,3791
21	20	0,9479	0,5886	0,4114
22	21	0,9452	0,5563	0,4437
23	22	0,9425	0,5243	0,4757
24	23	0,9397	0,4927	0,5073

그림 5: 생일문제

2) 몇 명 이상이 모였을 때 생일이 겹친 사람이 나오지 않을 확률이 1% 미만이 되는가?

7. 역확률

통상적으로 확률은 특정 원인에 따른 결과의 우연성을 정량적으로 표현한 것이다. 예컨대 유방암 1기의 환자가 수술 처치를 받는 경우 5년 이상 생존할 확률이 80%라는 식이다. 그런데 소위 역확률(inverse probability)은 반대 방향에서 나온다. Eddy의 연구로 알려져 있는 다음 문제를 함께 숙고해보자 (Utts 1999, *Seeing Through Statistics*, pp. 302-).

의사 A가 내원고객 B를 촉진 검사한 결과 유방에서 어떤 알갱이가 감지되었다. A는 B의 그 알갱이가 거의 확실하게 양성일 것으로 생각한다. 악성일 가능성은 1% 정도로 볼 뿐이다. 그러나 혹시 모르므로 유방 X-선 사진을 찍기로 했다. 믿을만한 의학 전문서에 의하면 유방 X-선 사진은 악성 종양에 대하여는 80% 정확하고 양성 종양에 대하여는 90% 정확하다고 한다. 불행히도, X-선 검사 결과 B의 알갱이가 악성인 것으로 나타났다.

Eddy는 100명의 전문의에게 "B가 정말로 악성일 확률이 얼마인가?" 질문하였다. 대다수가 75% 쯤이라고 답변하였다. X-선 검사가 모든 경우에 있어 다소 덜 정확하다는 사실을 고려한 것으로 보인다. 정확한 답은 얼마인가? 놀라지 마시라, 7.5%이다. 그 이유는 다음과 같다.

촉진시 알갱이가 감지된 100,000명을 생각해보자. 그 중 1%인 1,000명의 알갱이는 악성이고 나머지 99,000명의 알갱이는 양성이다. 1,000명의 악성 알갱이에 대한 X-선 검사는 800건(=80%)의 악성 판정과 200건의 양성 판정으로 결과된다. 99,000명의 양성 알갱이에 대한 X-선 검사는 89,100건(=90%)의 양성 판정과 9,900건의 악성 판정으로 결과된다. 다음이 X-선 검사 결과를 정리한 표이다.

		검사 결과		
		악성	양성	합계
실제 상태	악성	800	200	1,000
	양성	9,900	89,100	99,000
	합계	10,700	89,300	100,000

환자 B에 대한 X-선 검사 결과 악성 소견이 나왔으므로 그는 그러한 10,700명 중의 1명이다. 그런데 X-선 검사 결과 악성 소견인 10,700명 중에 실제로 악성인 환자는 800명꼴이다. 따라서 B의 알갱이가 실제로 악성일 확률은 800/10,700, 즉 7.5% 정도이다. 단순 추측치인 75%와는 엄청난 차이가 있다. 왜 이런 착오가 생겼을까?

이제부터 기호를 쓰자. 실제 질병을 D, 실제로 질병 아님을 $\bar{D}$, X-선 검사 결과 양성을 E, 음성을 $\bar{E}$로 나타내자. 앞의 예에서 주어진 확률들은 다음과 같다.

$$P\{D\} = 0.01, \quad P\{\bar{D}\} = 0.99, \quad P\{E|D\} = 0.80, \quad P\{\bar{E}|\bar{D}\} = 0.90.$$

우리의 목표는 $P\{D|E\}$를 구하는 것이다 (이것은 $P\{E|D\}$와 다르다. 혼동하지 않도록). 즉 결과 E에 조건화하여 원인 D의 확률을 구하라는 것이다. 이런 확률을 역확률이라고 한다.

대개의 진단법은 상당한 정도로 유효하기는 해도 완전하지 않다. 실제 질병을 가진 환자에 적용할 때 결과가 양성으로 나올 확률이 100%에 못 미친다. 또한 실제 질병이 없는 사람에 적용할 때 결과가 음성으로 나올 확률도 또한 100%에 못 미친다. 의학계에서는 두 확률을 각각 다음과 같이 부른다.

- **민감도(sensitivity):**
  실제 질병을 가진 사람 D 중에서 결과가 양성 E로 나타날 확률, 즉 $P\{E|D\}$.
- **특이도(specificity):**
  실제 질병이 없는 사람 $\bar{D}$ 중에서 결과가 음성 $\bar{E}$로 나타날 확률, 즉 $P\{\bar{E}|\bar{D}\}$.

$P\{D\}$를 유병률(prevalence rate)이라고 하는데 이것이 역확률 $P\{D|E\}$를 구하는 데 일정한 역할을 한다. 앞의 계산 표를 대신하여 역확률을 수식으로 표현하면 다음과 같다.

- **베이즈(Bayes) 공식:**

$$P\{D|E\} = \frac{P\{D\}\,P\{E|D\}}{P\{D\}\,P\{E|D\} + P\{\bar{D}\}\,P\{E|\bar{D}\}}$$

  여기서, $P\{E|\bar{D}\} = 1 - P\{\bar{E}|\bar{D}\}$.

앞의 예에 적용해보면

$$P\{D|E\} = \frac{(0.01)(0.80)}{(0.01)(0.80) + (0.99)(0.10)} = \frac{0.0080}{0.1070} = 7.5\%$$

가 된다.

마지막으로 Eddy의 예가 어떤 일반적 의미를 갖는가 생각해보자. 인간의 직관적 사고 능력이 상당히 제한적임을 말하는 것이 아닐까?

8. 법(法)과 확률

확률은 법 사례에도 적용된다. 여기서는 2개 사례를 다룰 것이다.

People v. Collins

이 사건은 수학적 확률이 논란이 된 1968년 캘리포니아 배심원 재판을 일컫는다 (사건번호 438 P.2d 33). 사건의 개요는 다음과 같다.

J. Brooks(여)는 로스앤젤레스의 한 지역에서 쇼핑을 마치고 집으로 가다가 지갑을 강탈당하였다. 인근에 사는 J. Bass 씨가 이 사건을 목격하였다. 그는 범인이 백인 여자로서 꽁지머리를 하고 있었고 범행 후 노란색 승용차를 탔으며 그 차의 운전자는 흑인 남자로 코밑수염과 턱수염을 기르고 있다고 증언하였다.

J. Collins(여)가 그녀의 흑인 남자친구와 함께 사건의 용의자로 기소되었다. 그녀는 이상의 모든 특징을 가졌다. 검사가 세운 한 대학수학 강사는 다음 확률을 제시하였다.

- 노란색 승용차 1/10
- 코밑수염의 남자 1/4
- 꽁지머리의 여자 1/10
- 금발의 여자 1/3
- 턱수염의 흑인 1/10
- 다른 인종이 동승한 차 1/1,000

이 모든 확률을 곱하면 1/12,000,000이 된다. 검사는 이 확률을 "임의 쌍의 남녀가 피의자들과 같은 특성을 가질 가능성"으로 해석하였고 이렇게 작은 확률 값은 피의자가 범인일 가능성이 매우 높음을 말하는 것이라고 주장하였다.

배심원은 검사의 주장을 받아 들여 유죄 평론을 냈지만 캘리포니아 대법원은 이 판결을 파기하였다. 위의 6개 사건이 독립이라면 각각의 확률의 곱하여 총 사건에 대한 확률이 얻어진다. 그러나 독립성에 대하여는 어떤 증거도 제시되지 않았음을 대법원이 주시한 것이다.

이외에 조건부 확률의 활용이 제대로 되었는가에 대한 의문이 제기되었다 (검사(檢事)의 오류, prosecutor's fallacy). 왜냐하면 위 확률 계산이 옳다고 하더라도 그것은 결백한 피의자가 우연하게 그런 특성을 가질 확률이지 그런 특성을 가진 피의자가 결백할 가능성의 확률은 아닌 것이다.

Smith v. Rapid Transit, Inc.

사건의 개요는 다음과 같다. 어느 비오는 날 차선을 넘어 과속으로 난폭 운전하는 버스를 피하느라고 스미스 씨가 세워 둔 차를 박는 사고를 냈다. 상황이 워낙 급박하여 그 차가 노선 버스라는 것 이외에는 어떤 것도 알지 못하였다. 그러나 스미스 씨는 B 회사 버스라는 증언을 확보하였다. 그 도로에는 A 회사도 노선 버스를 운영하는데 A 회사 버스 대 B 회사 버스 비율은 4:1이다. 이하는 재판 시나리오이다.

- 스미스 씨가 B 회사에 손해 배상을 청구하는 경우 B 회사의 대응.

  그 날이 비오는 날이었고 버스가 빨리 움직이는 버스였으므로 증인이 잘못 보았을 가능성이 있다. 한 모의실험 결과에 의하면 그 정도의 상황에서 사람들이 오류를 범할 확률은 30%나 된다. 따라서 증언 내용을 E라고 할 때 B가 문제일 확률은

$$P\{B|E\} = \frac{P\{B\}\,P\{E|B\}}{P\{A\}\,P\{E|A\} + P\{B\}\,P\{E|B\}}$$

$$= \frac{0.2 \times 0.7}{0.8 \times 0.3 + 0.2 \times 0.7} = 0.37$$

  이다. 즉, $P\{A|E\}$가 0.63이다. 왜 우리 회사(B)를 문제 삼는가?

- 스미스 씨의 맞대응

  그 날의 상황에서 증인이 잘못 지각할 가능성도 있으나 그렇게 높지 않다. 우리 측 실험에 의하면 그 확률은 최대 5%에 불과하다. 따라서 증언 내용을 E라고 할 때 B가 문제일 확률은

$$P\{B|E\} = \frac{P\{B\}\,P\{E|B\}}{P\{A\}\,P\{E|A\} + P\{B\}\,P\{E|B\}}$$

$$= \frac{0.2 \times 0.97}{0.8 \times 0.05 + 0.2 \times 0.95} = 0.83$$

  이다. 즉, $P\{A|E\} = 0.17$에 비교하여 훨씬 크다. 그러므로 B에 '증명의 부담'(입증 책임, burden of proof)이 있다.

9. 인간적 오류

Slovoc 등 (1982)에 의하면 사람들은 자신들이 다른 사람들에 비하여 위험한 일을 덜 당할 것으로 생각하는 경향이 있다고 한다. 대다수 사람들은 자신들이 평균적인 운전자보다 안전하게 운전하며 아마도 평균 수명 이상 살 것으로 예상하며 사고를 당할 가능성이 평균보다 적다고 믿는 경향이 있다는 것이다. 미국의 한 주립대학 학부생을 대상으로 자신들이 부정적인 사건들을 경험할 가능성이 평균보다 어느 정도 높은가 아니면 낮은가를 조사하였는데 평균값은 –20%였다. 우리들 각자는 우리들의 평균보다 운이 좋을 것인가? [Utts 1999, *Seeing Through Statistics*, pp.287-]

Fischhoff 등 (1977)에 의하면 사람들은 자신들의 생각을 과신하는 경향이 있다고 한다. 그들은 Times지와 Playboy지 가운데 어느 잡지가 더 많이 팔리는가, 그리고 그것을 어느 정도 확신하는가를 묻었다. 그랬더니 확신하는 정도가 1:1로 전혀 잘 모르겠다는 집단에서의 정답률이 53%로 나왔다. 반면, 100:1로 거의 확신한다는 집단에서의 정답률은 80%에 그쳤다. 이는 사람들이 어느 정도 의견을 가질 때 자신의 생각을 과신하는 경향이 있음을 보여준다. 자신의 판단이 오류일 가능성을 체크해야 한다. 타인에게 엄격하기에 앞서 자신에게 엄격해야 한다. [Utts 1999, *Seeing Through Statistics*, p.288]

연습 문제

1. Player A, B, C가 주사위 게임을 다음 규칙에 따라 하기로 하였다. 누구든 먼저 조건을 만족시키면 게임이 종료되면서 승자가 판돈 10,000원을 갖는다.

   - A, B, C, A, B, C, ⋯ 순서로 진행하되, 자기 차례에서 주사위 2개를 던진다.
   - A의 차례에서 2개 주사위 눈의 합 5이면 A가 이긴다.
   - B의 차례에서 2개 조사위 눈의 합 6이면 B가 이긴다.
   - C의 차례에서 2개 조사위 눈의 합 7이면 C가 이긴다.

   이 내기가 공정한 것이 위해서 각 Player가 게임 전 걸어야 할 돈은 각각 얼마씩인가?

2. 도박꾼이 승률이 0.5인 게임을 돈이 떨어질 때까지 계속한다고 하자. 이 도박꾼은 3원을 기지고 시작하는데 매 게임에서 1원씩 걸어야 한다. 5번까지만 게임을 하는 경우 끝까지 파산하지 않고 남는 사건의 확률을 구하여라.

   1) 정확한 수학적 풀이를 제시하라.
   2) 엑셀 모의시행에 의한 풀이를 제시하라.

3. 나를 포함하여 8,145,060명이 로또를 1매씩 구입한 경우

   1) 내가 1등에 당첨되면서 나 외에 1명이 1등에 당첨되어 2명이 1등 상금을 나누게 될 사건에 대한 확률을 구하여라.
   2) 1등 당첨자가 2명일 사건의 확률을 구하여라.

4. 3명 형제의 生月이 모두 다를 사건의 확률을 구하여라.

   1) 각 月 출생확률이 동등하다고 가정하는 경우.
   2) 각 日의 출생확률이 동등하다고 가정하는 경우 (2월은 28일로 간주함).

5. Smith v. Rapid Transit, Inc. 사례에서, 사고 버스가 B였다는 첫 증언 이후, 독립적인 다른 한 명으로부터 당시 사고 버스가 A였다는 증언이 확보되었고, 이어서 독립적인 다른 한 명으로부터는 당시 사고 버스가 B였다는 증언이 확보되었다고 하자. 그 경우, 사고의 원인이 B일 확률은 얼마가 되는가?

2장. 표본조사 Sample Surveys

조사(調査), 즉 서베이(survey)는 위에서 아래를 본 조망(眺望)이다.

- **표본조사란?**

수도 이전에 대하여 사람들은 어떤 생각을 할까? 우리나라 도시 가구는 얼마나 벌어서 얼마나 쓰나? 이를 알기 위하여 모든 사람들에게 질문을 하기보다는 잘 선택된 일부 사람들에게 질문하는 것이, 우리나라 도시의 모든 가구들을 조사하는 것보다는 일부 가구들을 조사하는 것이 효율적이다. 그렇다면 전체를 대표하는 일부, 즉 표본(標本, sample)을 어떻게 뽑아야 하는가?

- **세종대왕의 여론조사**

우리나라에서 최초의 여론조사는 1430년(세종 12년)에 실시되었다. 당시 호조(戶曹)에서 새로운 세금제도를 대왕께 아뢰었더니 대왕께서 국민의 소리를 들어보라고 말씀하셨다. 왕명에 따라 총 172,648명을 조사한 결과, 찬성이 57%, 반대가 43%로 나타났다. 아쉽게도, 표본을 어떻게 뽑았는지에 대한 기록을 찾을 수 없다.

- **미국의 1970년 징병추출**

미국은 모병제로 병력을 확보하는 나라이지만 전시에는 일부 징병제를 실시한다. 1970년은 미국-베트남 전쟁으로 일부 징병제를 해야 될 상황이었다. 어떻게 일부를 뽑을 수 있을까? 그 방법으로 추첨이 고안되었다. 1월 1일부터 12월 31일까지 366개 생일 카드를 큰 추첨 통에 넣고 잘 섞은 다음 한 장씩 임의로 꺼냈다. 병력 차출순서는 생일카드의 추출순서를 따르기로 하였다. 예컨대, 처음 나온 카드의 생일과 일치하는 젊은이가 가장 먼저 병력으로 차출되는 것이었다. 그런데 추첨을 마치고나니 문제가 있음이 발견되었다. 12월 생이 1월 생에 비교하여 훨씬 앞선 순서를 받을 것이다. 그런 원인을 분석한 결과, 추첨 통에 1월 카드들이 가장 먼저, 12월 카드들이 가장 나중에 투입되었고 실제로는 카드들이 잘 섞이지 않았음이 밝혀졌다.

1. 표본추출의 기초

다음은 표본추출(標本抽出, sampling; 표집(標集))의 기본 용어이다.

- 모집단(母集團, population) - 우리가 정보를 원하는 대상이 되는 모든 사람, 가구, 사업체 등.
- 개체(個體, unit) - 모집단의 개별 요소. 모집단이 사람들로 구성되는 경우 표본추출 개체를 응답자(respondent)라고 한다.
- 표본(標本, sample) - 우리가 관측하는 모집단의 일부.
- 추출 틀(sampling frame) - 표본이 추출될 개체들의 목록. 추출 틀로부터 표본이 추출된다.
- 변수(變數, variable) - 개체의 특성. 표본내 개체들에 대하여 변수가 측정된다.

모집단은 우리가 정보를 원하는 대상이다. 예컨대 전북 부안군 위도에 원자력 발전 폐기물 처리시설을 유치하는 데 대하여 광역시도민들의 의견을 알고자 한다면 모집단은 전북도민이다. 시설예정지 인근 주민들의 의견을 알고자 한다면 모집단을 부안군민이나 위도주민으로 잡을 수도 있다.

예 1.1 여론조사

K 리서치는 2004년 11월 초 전국에서 성인남녀 1,000명을 대상으로 국정전반에 대한 여론조사를 실시하였다. 이 조사는 총 13개 문항으로 구성되어 있는데 그 중 첫째 문항은 노무현 대통령의 국정운영에 대한 평가였다. 이에 대한 결과는 "매우 잘하고 있다" 18명, "잘하고 있는 편이다" 267명, "잘못하고 있는 편이다" 464명, "매우 잘못하고 있다" 180명, "모르겠다/무응답" 71명으로 집계되었다. 따라서 부정평가 비율이 64.4%(=0.464+0.180)에 이르렀다 [http://www.donga.com, 2004/11/07]. 이 사례에서 모집단과 표본은 다음과 같다.

- 모집단: 전국 성인남녀 [2000년 인구주택 총조사에 의하면 우리나라의 20세 이상 성인남녀는 32,653,081명이다. http://www.kostat.go.kr 참조.]
- 표본: 1,000명의 성인남녀

예 1.2. 마케팅 조사

2000년 시점에서 TV 방송을 매체로 하는 광고비 지출이 2조원을 넘어섰다. 방송 광고비 책정을 합리적으로 하기 위하여 시청률의 정확한 측정이 선행되어야 한다. 2005년 1월 현재 우리나라에서는 닐슨(Nielsen) 미디어리서치와 TNS 미디어 코리아가 TV 시청률을 측정하여 광고주 및 광고대행사, TV 방송사에 자료를 판매하고 있다. 두 회사는 피플미터라는 전자기기를 표본가구의 TV 세트에 부착하여 누가 무엇을 시청하는가를 초 단위로 측정한다 [매일]. 다음은 TNS 미디어 코리아 시청률 조사의 모집단과 표본이다 [http://www.tnsmk.co.kr 참조, 2005년 1월 현재].

- 모집단: 서울, 인천 및 수도권, 부산, 대구, 광주, 대전 소재 일반가구
- 표본: 1,500 가구

예 1.3. 정부의 사회·경제 자료수집

통계청은 전국의 8,700 가구의 수입과 지출 등을 가계부 기장 방식으로 매달 조사한다 [가계동향조사]. 그 결과 2011년 2/4 분기 2인 이상 가구의 가계 소득은 371만 3천원·전년동기대비 4.7% 증가, 가계지출은 300만 5천원·4.8% 증가로 나타났다. 이 조사에서 모집단과 표본은 다음과 같다.

- 모집단: 전국의 일반 가구 [농림어가, 외국인가구, 비혈연가구 및 기타 겸업가구 등 제외]
- 표본: 8,700 가구 [매달]

어떤 조사에 있어서는 모집단과 표본이 같다. 그런 조사를 총조사 또는 센서스(census)라고 한다. 거의 대부분의 나라들은 매 5·10년마다 인구에 대하여 센서스를 한다. 그러나 자료수집에 있어 센서스는 매우 예외적이다. 왜 그럴까?

표본을 취하는 이유는?

통계전문가들은 센서스를 하는 대신 표본을 취하라고 말한다. 일반적으로 센서스에는 많은 비용이 들고 시간이 걸리기 때문이다. 예컨대 2010년 11월 1일자로 시행된 우리나라의 인구 및 주택 총조사에서 약 3,800억원 정도가 소요되었으니 1인당 3,800원 정도 든 셈이다. 그리고 최종 결과는 2011년 7월에 나왔으므로 분석에 소요되는 시간도 8개월이나 된다. 그럼에도 불구하고 인구 및 주택 총조사는 국가통계의 가장 중요한 기초가 되므로 매 5년마다 어김없이 수행된다. 그러나 대부분의 조사는 인구 및 주택 총조사 만큼 중요하지는 않기 때문에 표본조사로 충분하다.

센서스의 이점은 모든 개체가 조사되므로 표본추출로 인한 변동이 없다는 점이다. 그러나 실제로는 여기에 함정이 있다. 1999년 12월 경기도 성남시는 백궁·정자지구 용도변경 찬반 여론조사를 시민 93,000명에 대하여 실시하였고 그 결과 70,000명이 찬성하고 23,000명이 반대하였다고 발표하였다. 그러나 여론조사에서 찬성을 했다는 8명의 주민을 무작위로 선정, 서명 사실 여부를 질문한 결과 그 중 1명만이 찬성 서명한 사실이 확인되었고 나머지 7명은 기억이 나지 않거나 찬성 서명한 사실이 없다고 응답하였다 [http://www.joins.com, 2001/06/28]. 이처럼 충실한 계획 없이 대규모로 시행된 조사는 부실하게 진행되었을 가능성이 있기 때문에 주의 깊게 자료의 질을 검토하여야 한다.

표본을 잘못 취하는 방법은?

표본을 잘 취하여야 하는데 실제로는 잘못 취하기가 쉽다. 예를 들어 귤의 품질을 검사하고자 100개들이 박스를 뜯어 그 중 몇 개를 검사한다고 하자. 편의상 맨 위 줄에 놓인 귤들을 검사한다면 그것은 잘못된 방법이다. 그런 방식으로 귤의 품질이 검사된다는 사실이 알려지면 귤 생산농가에서는 상대적으로 좋은 귤들을 박스 맨 윗줄에 넣을 것이기 때문이다. 다른 예로서, 백화점에서 고객 만족도를 조사하고자 출구에서 쇼핑을 마치고 나오는 고객을 상대로 면접조사를 한다고 하자. 오후 6시 근처엔 워낙 출구가 붐비기 때문에 모든 면접이 오후 4시 이전 시간에 이루어졌다고 하자. 오후 4시 이전 쇼핑고객과 그 이후 시간의 쇼핑고객은 사회-경제적 측면에서 큰 차이가 있을 수 있으므로 이런 조사 방법은 잘못이다. 전화조사에서도 표본을 잘못 취하기 쉽다. 가정주부가 집에 있을 가능성이 가장 크고 20대 남자가 가장 작기 때문에 단순한 전화면접은 균형 잡히지 않은 표본을 만들어낸다.

- 체계적으로 한 쪽으로 치우친 통계적 연구는 그 설계가 편향(偏向)되어 있다고 한다 (The design is biased).
- 응답자가 스스로 참여하여 생성된 표본을 자발적 응답(voluntary response) 표본이라고 한다.
- 뽑히기 쉬운 개체들로 구성된 표본을 편의표본(便宜標本, convenience sample)이라고 한다.
- 자발적 응답 표본과 편의표본은 편향되어 있기 쉽다.

예 1.4 온라인 조사

신문사의 인터넷 홈 온라인 뉴스 서비스에 가보면 독자들의 의견을 물어보는 박스가 있는 경우가 있다. 예컨대 온라인 동아일보[http://www.donga.com]의

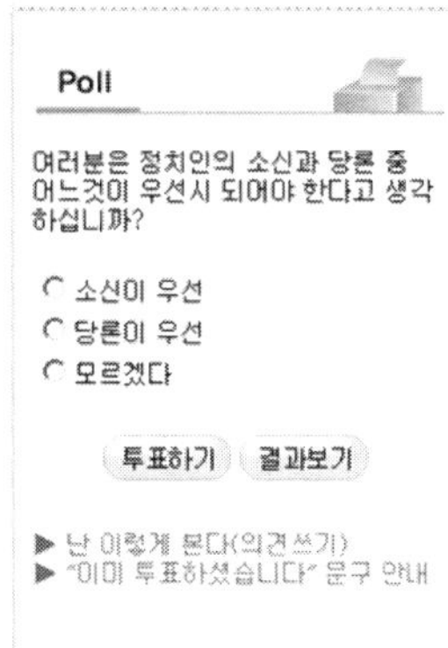

그림 1: 동아일보 온라인 조사

2004년 12월의 온라인 조사의 경우를 보자. 그림 1 참조.

이런 설문에 자발적으로 참여하는 사람은 특정 층에 속해있고 그 중에서도 조사 주제에 특별한 흥미를 가진 사람들이기 쉽다. 그런 사람들은 일반인들과 다른 성향이 있을 수 있으므로 이런 조사에서 얻어진 표본은 편향되어 있을 가능성이 있다. 조사결과의 해석 시 인터넷 동아일보의 독자들의 인구사회적 계층과 사회심리적 성향을 고려해야하고 응답자와 비응답자 간에 정치 관심도가 다르다는 점도 고려해야 한다.

예 1.5 길거리 조사

영국의 1992년 선거예측은 실패였다. 거의 모든 조사가 노동당이 승리할 것으로 보았으나 결과는 보수당의 승리였다. 원인을 분석한 결과 '길거리 조사'라는 조사방식에 큰 문제가 있는 것으로 밝혀졌다. 영국은 전화 보급율이 낮기 때문에 주로 길거리에서 통행인들을 대상으로 조사가 이루어지는데 보수당 지지자들은 노동당 지지자들에 비해 상대적으로 조사에 비협조적인 경향이 있다 [어느 나라나 고학력·고소득층의 조사 거절율이 저학력·저소득층에 비하여 상대적으로 높다]. 때문에 영국의 1992년 선거예측 조사의 표본은 노동당 지지층에 편향되어 있었다.

2. 단순임의표본추출

무슨 일이든 엉터리로 하기는 쉽고 제대로 하기는 쉽지 않다. 표본추출도 마찬가지이다. 자발적 응답 표본과 편의표본은 각각 응답자와 조사자에 의한 선택편향이 문제이다. 그러므로 이런 선택편향을 막으려면 양측 조사 당사자들의 선택성향이 개입하는 것을 막아야 한다. 이를 위한 통계적 방법이 단순임의표본추출이다.

- **단순임의표본추출**(單純任意標本抽出, simple random sampling)

  크기 n의 단순임의표본은 추출 틀 내 N개 개체의 모든 모임이 동일한 추출기회를 갖도록 표본추출이 시행되는 경우에 얻어지는 표본이다 ($N > n$).

단순임의표본추출로써 모든 개체는 같은 확률로 표본에 포함될 것이다. 성과 나이에 관계없이, 사회경제적 계층에 관계없이 누구나 표본으로 잡힐 가능성이 있고 그 가능성은 같다. 어떤 특정 성향이 있고 없음에 따라 표본으로 잡힐 가능성이 달라지지 않는다. 예를 들어 게임 소프트웨어 발표회에서 제작사가 n명의 참가자들을 단순임의 추출하여 정품 CD를 경품으로 준다고 하자. 이를 위하여 참가자들에게 각자의 명함을 1매씩 제출하게 하여 큰 상자에 넣고 손을 넣어 잘 섞은 뒤 명함 1장씩을 n번 뽑음으로써 단순임의표본추출이 얻어진다. 이보다 좀 더 세련된 방법이 있지 않을까?

임의숫자

그림 2와 같이 원판을 10등분하여 0, 1, 2, 3, 4, 5, 6, 7, 8, 9 등 숫자를 하나씩 적어 넣고 중심에 침을 꽂아 원판을 회전시켜 보자. 회전판이 멈춘 뒤 바늘이 가리키는 영역에 있는 숫자를 읽는다. 이 숫자는 0부터 9까지 10개 숫자 중 임의의 하나일 것이다. 첫째 시행에서 9가 나왔고 그 다음 시행에서 2가 나왔다고 하자. 계속해서 시행한 결과 다음과 같은 숫자들이 나타났다고 하자.

$$92001 \quad 61769 \quad \cdots$$

원판을 돌리는 시행들은 독립적이라고 볼 수 있으므로 이런 식으로 임의숫자표(table of random numbers, 난수표(亂數表))를 만들 수 있다. 다음 표가 임의숫자 표의 한 예인데 예전에는 이런 표가 의례 통계학 책들의 끝 부록으로 나와 있었다. 그러나 요즘은 컴퓨터를 써서 쉽게 임의숫자를 생성시킬 수 있으므로 굳이 표를 들쳐볼 필요가 없어졌다.

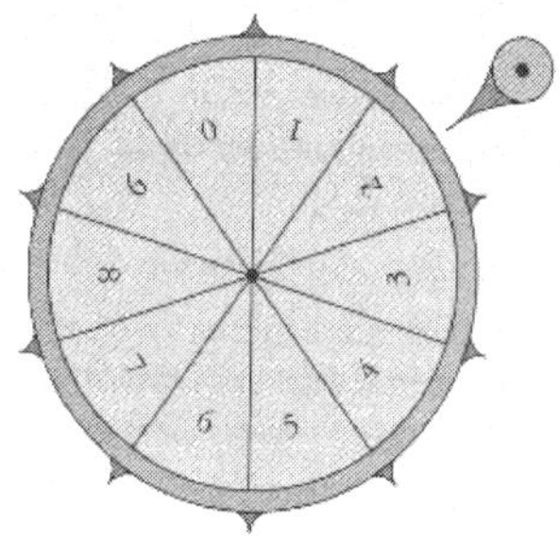

그림 2: 임의숫자 회전 원판

표 1. 임의숫자 표(Table of random numbers)

92001 61769 39350 47017 25076 16943 61485 80207 29399 22661
86151 19063 94583 37892 68444 06214 91848 87730 53288 18150
65914 08108 64537 38430 48501 84088 10336 68368 91939 10254
87804 99755 36149 42571 59891 70112 73174 12412 66646 87937
33853 57917 66910 31890 80412 06379 89658 16272 62701 00780

65735 67449 71195 28465 93695 62646 03926 66579 58462 93830
64234 72866 97653 75219 12140 23146 93414 94419 03749 27350
31888 12012 31640 73412 11355 68362 72001 41181 32477 00310
82608 50848 31294 83007 93419 83063 70781 40356 13176 41393
86327 54642 30490 87719 31930 45056 22860 88173 71589 66197

25158 46994 19589 65623 12625 61023 02125 92704 70622 26679
64614 00569 42761 93670 88751 61695 44593 44984 41175 96848
47395 39200 45894 05299 45370 72951 77141 17858 57480 40523
04498 57312 27105 62755 00427 25681 15267 58761 33960 58935
38538 71761 12362 44083 21963 35573 27953 53094 03502 60655

00254 17208 65076 79779 13237 46312 25336 03756 30090 70189
73002 03573 61379 99216 11220 27030 50718 49856 86443 72764
48434 63647 14721 28539 58646 73116 39365 55302 62822 13320
73636 27102 06580 39491 25162 27151 72360 09583 07375 72390
60229 07216 95241 91945 71173 40839 05306 57183 96360 16698

30580 98563 22321 61752 62777 17925 47202 64687 44317 63035
01466 · · ·

단순임의표본추출

추출 틀에서 주어진 크기 n의 단순임의표본추출을 뽑아보기로 하자. 예를 들어 보겠다.

예 2.1. 코스닥 기업

우리나라에서 주식거래는 거래소 시장과 코스닥 시장, 장외시장에서 이루어진다. 그 중 코스닥에 등록된 기업들 중 $25(= n)$개 기업을 단순임의 추출하여 무엇인가 조사할 일이 있다고 하자. 어떻게 해야 하나?

단계 1: 조사대상, 즉 모집단에 모두 몇 개의 개체가 있는가를 알아보고 고유번호를 매긴다.

코스닥 시장의 웹사이트 http://www.kosdaq.or.kr에 들어가 보면 모두 890개 기업이 등록되어 있음을 알 수 있다 (2004/12/24 현재). 따라서 가∼하, A∼Z, 0∼9 순으로 정렬된 등록기업 리스트에 001부터 890까지의 고유번호를 부여한다. N을 리스트에 등재된 개체수라고 하자 [이 예에서 N은 890이다].

단계 2: 표 1의 임의숫자 표를 사용하여 다음과 같이 n개 숫자를 뽑아낸다.

1) 난수를 N의 자리수인 3자리씩 끊어서 정렬한다.

   920 016 176 939 350 470 172 507 616 943
   614 858 020 729 399 226 618 615 119 063
   945 833 789 268 444 062 149 184 887 730
   532 881 $\cdots$

2) 이 중에서 001부터 $890(= N)$까지를 번호를 하나씩 찾아내 밑줄을 긋는다. 모두 $25(= n)$개를 찾아내면 작업을 종료한다.

   920 <u>016</u> <u>176</u> 939 <u>350</u> <u>470</u> <u>172</u> <u>507</u> <u>616</u> 943
   <u>614</u> <u>858</u> <u>020</u> <u>729</u> <u>399</u> <u>226</u> <u>618</u> <u>615</u> <u>119</u> <u>063</u>
   945 <u>833</u> <u>789</u> <u>268</u> <u>444</u> <u>062</u> <u>149</u> <u>184</u> <u>887</u> 730
   532 881 $\cdots$

3) 뽑힌 번호에 해당하는 개체들의 리스트, 즉 표본 리스트를 완성한다 [예컨대 016은 국순당이다]. 이것이 크기 25의 단순임의표본추출이다.

컴퓨터 소프트웨어를 써서 단계 2의 작업을 자동화할 수도 있다. 엑셀 실습 2절에 그 방법을 설명하기로 한다.

요약하자면, 단순임의표본추출의 고유번호 추출작업은 2단계로 구성된다.

단계 1: 모든 개체에 고유번호 부여 [1부터 N까지]

단계 2: 1부터 N까지의 고유번호 중에서 n개를 선발

단계 1의 과정에서 고유번호의 자리 수를 N의 자리 수와 일치하게 하는 것이 좋다. 예컨대, N이 89이면 고유번호를 01부터 89까지로 하고, N이 8900이면 고유번호를 0001부터 8900까지로 한다. 그리고 단계 2에서 같은 수가 2번 이상 나오는 경우 하나만 인정한다.

3. 표본에서 모집단으로

K 리서치가 1,000명에게 대통령의 국정수행에 대해 물은 결과 64.4%가 부정적으로 평가하였다 (여기서 단순임의표본추출을 가정하기로 하지만, 실제로는 이보다 약간 복잡한 표본추출방법이 시행된다). 이 경우 모집단 크기가 대략 32,650,000명이기 때문에 추출율은

$$1000/32650000 = 0.000031, \quad \text{or} \quad 0.0031\%$$

에 불과하다. 말하자면 100,000명 중 3명 정도 조사한 셈인데 어떻게 조사 결과를 믿을 수 있을까?

이런 것을 논의할 때, 통계학은 우리가 모집단에 대한 수치를 말하는 것인지 표본으로부터의 수치를 말하는 것인지를 엄격히 구분하도록 요구한다.

> **모수**(母數, parameter; 파라미터)는 모집단의 특성에 관한 수이다. 모수는 고정 값을 가지나 실제로 우리는 그 값을 알지 못한다.
>
> **통계값**(statistic)은 표본의 특성을 나타내는 수이다. 일단 표본이 관측되면 통계값이 산출된다. 통계값은 표본에 따라 다르다. 통계값으로 모수를 짐작한다.

예 3.1 여론조사(계속)

대통령의 국정수행에 대한 K 리서치의 여론조사에서 모집단은 우리나라의 20세 이상 사람이었다. 그 중에서 부정적인 견해를 가진 사람의 비율은 모수이다. 그것을 p 라고 하자. 우리는 센서스를 하지 않는 한 p 에 대하여 알지 못한다.

크기 1,000명의 단순임의추출표본에서 644명이 부정적으로 응답하였다. 따라서 표본에서의 부정적 견해를 가진 사람들의 비율

$$644/1,000 = 0.644, \quad \text{or} \quad 64.4\%$$

는 통계값이다. 이것을 $\hat{p}$ 이라고 하자 [$\hat{p}$ 은 'p hat'으로 읽는다]. 즉 $\hat{p} = 0.644$이다.

$\hat{p}$ 은 p 와 어떤 관계가 있을까?

표본추출분포

K 리서치만이 아니고 H 리서치도 같은 질문을 가지고 1,000명의 단순임의표본추출로부터 조사하였다고 하자. H 리서치의 조사에서는 590명이 부정적이었다고 하자. 그러면 통계값 $\hat{p}$ 은

$$590/1,000 = 0.590, \quad \text{or} \quad 59.0\%$$

로 계산된다. 이처럼 $\hat{p}$ 은 표본에 따라 다른 값을 취한다.

> **표본추출변동**(sampling variability): 동일 모집단에서 동일한 확률적 절차에 의해 표본을 추출하더라도 실제 추출된 표본에 따라 다른 통계값이 산출된다.
>
> **표본추출분포**(sampling distribution): 일정한 확률적 절차에 의해 표본을 많은 횟수 거듭 추출하는 경우 통계값들은 어떤 패턴의 분포를 보이게 된다. 통계값들이 따르는 이러한 확률분포를 표본추출분포라고 한다.

예 3.2. 표본추출실험

1,000개의 임의숫자를 읽어 5이하의 숫자들의 비율을 계산해보자. 예컨대 표 1의 첫 줄은

92001 61769 39350 47017 25076 16943 61485 80207 29399 22661

로 모두 50개 임의숫자 중 0, 1, 2, 3, 4, 5인 것들이 29개이다. 이런 작업을 1,000개 임의숫자에 대하여 해보니 628개가 5이하였다. 즉, 크기 1,000의 표본에서 이런 비율이

$$\hat{p} = 628/1000 = 0.628$$

로 나왔다. 실제로는 컴퓨터가 이 작업을 우리 대신 할 수 있는데 이를 **컴퓨터 시뮬레이션**(simulation, 모의시행)이라고 한다. 이런 작업을 1,000번 반복하여 다음과 같이 $\hat{p}$ 이 산출되어 나왔다 [첫 10개만 제시함].

$$0.609, 0.583, 0.606, 0.564, 0.615, 0.632, 0.599, 0.597, 0.595, 0.611, \cdots$$

그림 3은 이것에 대한 히스토그램이다.

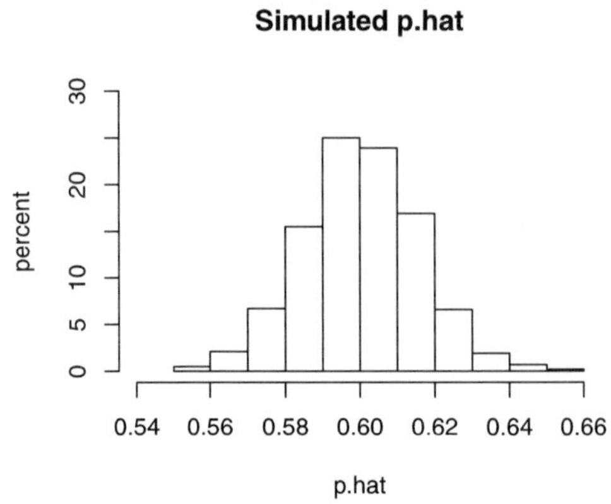

그림 3: $p = 0.6$의 모집단에서 모의생성된 $\hat{p}$의 표본추출분포 $(n = 1,000)$

임의숫자가 5 이하일 확률은 $p = 0.6$이기 때문에 그림 3은 $p = 0.6$인 모집단에서 크기 1,000인 단순임의표본이 취하는 분포, 즉 표본추출분포를 근사하게 보여준다. 그림 3에서 다음 두 가지 점을 주의 깊게 보기 바란다.

① 분포가 참 비율인 $p = 0.6$을 중심으로 하고 있다. 즉 표본비율들은 참 비율을 중심으로 임의변동을 보이고 있다.

② 표본추출변동의 크기가 그다지 크지 않다. 1,000개의 표본 중 거의 대부분의 표본비율 $\hat{p}$는 참 비율 p로부터 ± 0.05 이내에 분포하고 있다.

따라서 이 정도의 크기를 갖는 단순임의표본으로부터 산출된 표본비율 $\hat{p}$은 참 비율 p에 대하여 어느 정도 정밀한 추정값임을 알 수 있다.

혹시 앞의 결과가 $p = 0.6$인 시뮬레이션에서만 그럴 듯하게 나오는 것은 아닐까? 이런 의문을 가질 수 있겠는데 이에 대하여 알아보고자 참 비율 p가 0.5인 경우와 0.7인 경우를 더 해보았다 [표본크기 1,000, 시뮬레이션 회수 1,000번]. 그림 4를 보라. 그림 3에서 관측한 바와 같이 표본비율 $\hat{p}$가 참 비율 $p(= 0.5$ 또는 $0.7)$를 중심으로 분포하고 있고 그 편차범위도 대략 ± 0.05 정도임을 볼 수 있다. 다시 말하자면, $p = 0.6$의 시뮬레이션에서 얻은 결론이 참 비율 p의 더 넓은 범위에서 성립한다.

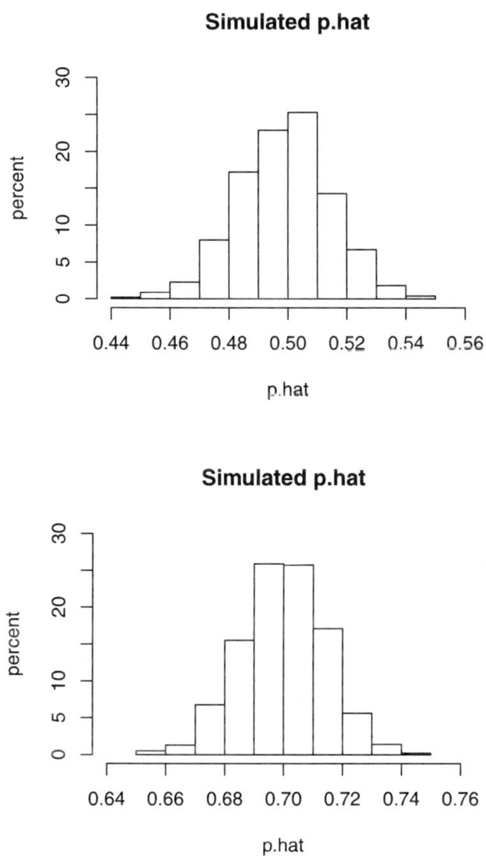

그림 4. [상] $p = 0.5$의 모집단에서 모의생성된 $\hat{p}$의 표본추출분포 $(n = 1{,}000)$와 [하] $p = 0.7$의 모집단에서 모의생성된 $\hat{p}$의 표본추출분포 $(n = 1{,}000)$

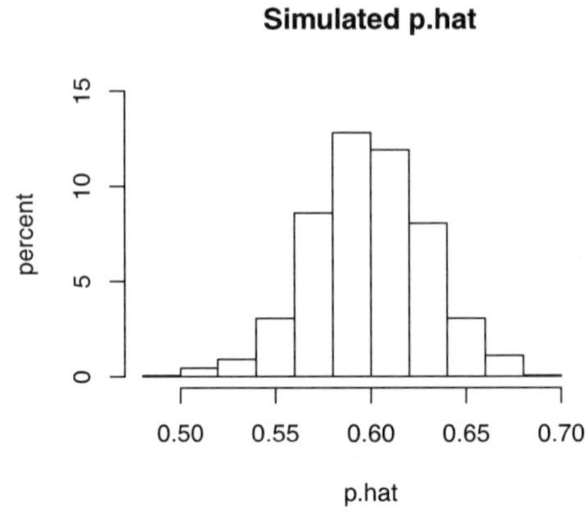

그림 5: $p = 0.6$의 모집단에서 모의생성된 $\hat{p}$의 표본추출분포 ($n = 250$)

낮은 정밀도와 편향

예 3.2에서는 표본크기 이 1,000인 단순임의표본을 취하였는데 만약 표본크기를 대폭 줄이면, 예컨대 1/4 정도인 250으로 하면 어떤 결과가 될까?

예 3.3 표본추출실험(계속)

예 3.2의 시뮬레이션을 그대로 따라하되 1,000개의 임의숫자를 읽는 대신 250개의 숫자를 읽어 5이하의 숫자들의 비율을 계산해보자. 그러면 표본비율 1개가 계산되어 나온다. 그리고 이와 같은 작업을 1,000번 반복함으로써 단순임의표본(크기 250)으로부터의 표본비율 $\hat{p}$이 따르게 될 표본추출분포를 구할 수 있다 (물론 컴퓨터를 사용한다). 그림 5가 이러한 시뮬레이션 결과이다. 모양은 그림 3과 비슷하지만 자세히 비교해 보면 가로 축의 척도가 다름을 알 수 있다. 그림 3에서 $\hat{p}$의 범위가 $(0.55, 0.65)$데 반하여 그림 5에서는 그 범위가 $(0.50, 0.70)$으로 2배 확장되어 있다. 이는 표본비율 $\hat{p}$이 참 비율 p를 중심으로 분포하되 편차 범위가 ± 0.10 정도라는 것을 의미한다.

예 3.2은 특수한 어떤 경우에서의 결론이 아니고 통계학에서는 매우 일반화된 결론이다. 표본크기를 작게 하면 추정값의 정밀도가 낮아진다.

표본조사를 부실하게 만드는 것은 낮은 정밀도만이 아니다. 아무리 표본조사를 거듭해도 한 쪽으로 치우치는 성향이 있다면 진짜 문제이다. 예를 들어 전화조사를 낮 시간에만 하였다면 집에 있는 가정주부들이 응답했을 가능성이 많다. 낮에 집에 있는 여성과 직장에 있는 여성은 다른 의견을 가질 수 있겠는데, 이런 문제는 표본크기를 크게 한다고 해결되지 않는다. 그림 6을 보라. p가 0.4인 모집단에서 얻어진 4가지 형태의 표본추출분포를 보여준다. [좌상]과 [우상]에서는 편향이 없으나 [좌하]와 [우하]에서는 편향이 있다. [좌상]과 [좌하]에서는 정밀도가 낮고 [우상]과 [우하]에서는 정밀도가 높다.

> **편향**(bias)은 거듭된 표본추출에서 통계값들의 평균적 편차(deviation)를 말한다.

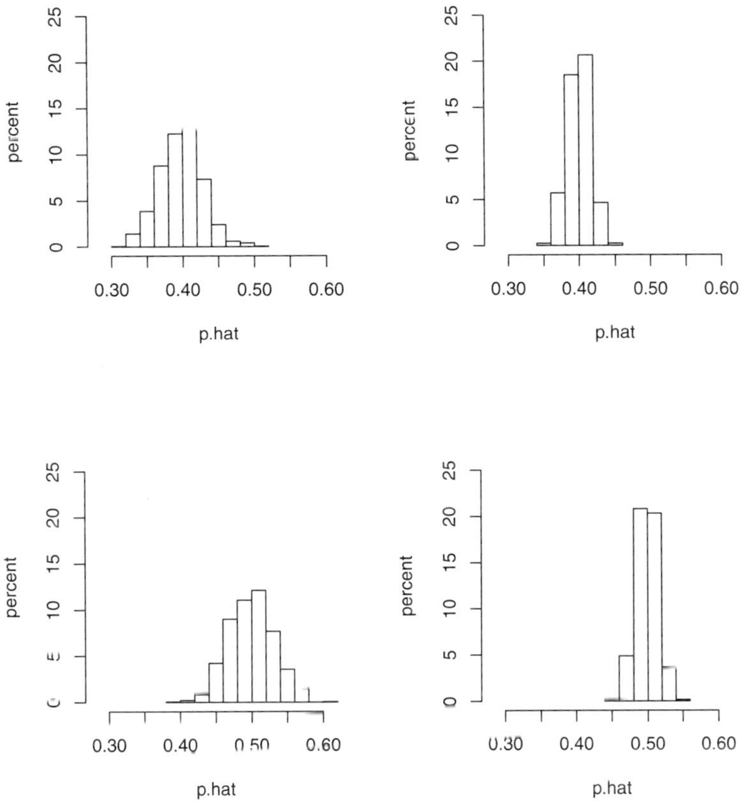

그림 6: $p = 0.4$의 모집단에서 만들어진 여러 형태의 표본추출분포

모집단의 크기

미국의 인구는 우리나라의 5배, 중국의 인구는 우리나라의 25배쯤 된다. 그러면 각국에서의 표본조사가 동일한 통계적 정밀도를 갖기 위해서 필요한 표본크기는 모집단 크기에 비례하는 1:5:25일까?

그렇지 않다. 모집단 크기가 표본크기에 비하여 충분히 크다면 통계적 정밀도는 모집단 크기에 무관하다는 것이다. 그 이유를 수학을 쓰지 않고 설명하여 보기로 하겠다.

두 사람의 통계학도 A와 B가 예 3.2의 시뮬레이션을 하는데, A는 10,000,000개의 임의숫자 표에서 크기 1,000인 임의표본을 취하여 그 중에서 5이하인 숫자들이 어느 정도의 비율로 있는가를 센다. B는 1,000,000,000개의 임의숫자 표에서 동일한 작업을 한다. A의 표본비율 $\hat{p}_A$가 B의 표본비율 $\hat{p}_B$와 체계적으로 다를 것 같은가? 당연히 그렇지 않다. A와 B는 결국 임의숫자 표의 일부를 표본으로 취하는 것이기 때문이다.

대통령 선거예측에 있어 한국 갤럽이 크기가 1,600인 표본으로 조사하는데 이 점에서는 미국 갤럽도 마찬가지이다. 그리고 앞으로 중국에서도 대통령 선거가 있게 된다면 중국 갤럽도 크기 1,600의 표본을 사용하게 될 것이다.

4. 신뢰문

모든 표본조사는 수학적인 의미에선 정확하지 않다. 표본(부분)으로는 모집단(전체)를 '정확히' 알아낸다는 것은 가능하지 않다. 그러므로 표본조사로써 '어느 정도' 정확한 결과를 내는 것으로 만족해야 한다. 현실적으로는 그러한 통계적 방식이 유용하다.

예 3.2의 실험에서 얻은 $\hat{p}$ (= 크기 1,000인 단순임의표본에서의 표본비율)의 표본추출분포에서 극히 일부를 제외한 표본들의 $\hat{p}$은 $p = 0.6$을 중심으로 ± 0.05 사이에 있다. 그림 3을 좀 자세히 살펴보면 $p \pm 0.03$에 표본비율들이 집중적으로 분포되어 있음을 알 수 있다. 더욱 세밀하게 따져보면 0.6 ± 0.031 구간에 950개의 표본비율을 발견하게 되는데 [이 숫자는 시뮬레이션에 따라 다를 수 있음], 이는 1,000개의 시뮬레이션 표본 중 95%에 해당한다. 즉 예 3.2의 표본추출 실험에서 95%의 $\hat{p}$들은 p를 중심으로 ± 0.031 이내에 있다. 그림 7을 보라. 이런 사실은 의 다른 값들에서도 두루 성립하므로 다음과 같이 말할 수 있다.

> 크기 1,000인 임의표본 중 대략 95%에서는, 통계값 $\hat{p}$가 참 값 p를 중심으로 ± 0.031 이내 범위에 있다.

실제로 크기 1,000인 임의표본을 취한 결과 $\hat{p} = 0.644$가 얻어진 경우, 통계전문가들은 다음과 같이 기술한다.

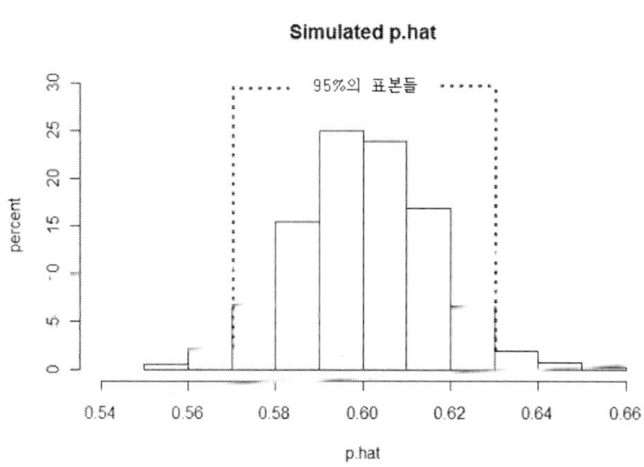

그림 7: $p = 0.6$의 모집단에서 무익생성된 $\hat{p}$의 표본추출분포 ($n = 1,000$)

신뢰도 95%에서 모비율 p가 0.644 ± 0.031 사이에 있는 것으로 추측된다.

일반 언어로는 다음과 같이 기술한다 [p가 찬성률인 경우]:

표본조사 결과 64.4%의 사람들이 찬성하는 것으로 나타났다. 신뢰도 95%에서 오차한계(margin of error)는 ±3.1% 포인트이다.

신뢰수준과 오차한계

앞에서 소개한 신뢰수준과 오차한계의 개념을 재정리하면 다음과 같다.

신뢰문(confidence statement)은 오차한계와 신뢰수준의 두 부분으로 구성된다. **오차한계**(margin of error)는 모집단의 참 값과 표본에서 산출되는 통계값과의 차이에 관한 일정 경계값이고 **신뢰수준**(level of confidence)은 가능한 모든 표본들 중에서 그 한계를 만족시키는 표본들의 비율을 말한다.

신뢰문을 정확히 이해하는 일은 매우 중요하다. 몇 개의 Q&A를 통해 다시 개념을 다듬어보자.

Q1 신뢰수준 95%로 모비율($= p$)이 0.644 ± 0.031 사이에 있다는 것은 미지의 p가 $(0.613, 0.675)$에 있을 확률이 95%라는 말인가?

A1 그렇지 않다. 참 값 p는 $(0.613, 0.675)$에 있던가, 그렇지 않던가 둘 중 하나이다. 그러므로 p가 $(0.613, 0.675)$에 있을 확률에 대하여 말하는 것은 의미가 없다 [굳이 말하자면 0이거나 1이다]. 우리는 p가 $(0.613, 0.675)$에 있는지 표본자료로부터 알아낼 수 없다. 신뢰수준 95%는 특정구간 $(0.613, 0.675)$에 미지의 모수 p가 있을 확률이 아니라 그렇게 산출되는 구간들의 95%쯤이 미지의 모수 p를 포함하게 된다는 말이다.

Q2 왜 꼭 95%인가, 이왕이면 99%의 신뢰수준이 낫지 않을까?

A2 꼭 그렇지는 않다. 신뢰수준을 99%로 크게 하면 오차한계가 커진다. 크기 1,000의 임의표본의 경우 신뢰수준 99%에서 p에 대한 오차한계는, 즉 4% 포인트이다 (여기서 4%라는 오차한계가 어떻게 나왔는지는 설명하지 않겠다). 즉 "$p = 0.644 \pm 0.040$"이라고 할 수 있는데, 이것은 앞서 신뢰수준 95%에서의 표현인 "$p = 0.644 \pm 0.031$"보다 가치가 적다. 통계전문가들이 95%의 신뢰수준을 주로 쓰는 이유는 그것이 편리한 규범이기 때문이다. 특별히 신중한 추론이 요구되는 상황에서는 신뢰수준을 99%로 놓을 수도 있다.

Q3 동일한 신뢰수준에서 오차한계를 줄이고 싶다. 어떻게 하면 되는가?

A3 표본크기를 크게 하라. 돈을 더 들이지 않고 좋게 하는 방법은 없다 [가능하다면, 더 나은 표본추출법을 사용하라].

5. 표본조사의 여러 측면

지난 2개 절의 결론은 ① 임의표본추출에서는 편향이 없다는 것과 ② 표본크기로써 정밀도가 제어가능하다는 것이었다. 그것이 전체 이야기라면 오죽 좋을까. 실제로 표본조사에서는 단순임의추출이라고 하더라도 신뢰문에 반영되는 오류와 반영되지 않는 오류가 있다.

- 표본추출오류(sampling error): 표본조사는 센서스와는 달리 모집단의 일부, 즉 표본을 관측하여 결과를 낸다. 표본으로 인하여 발생하는 오류를 표본추출오류라고 한다.

- 임의표본추출오류(random sampling error): 임의표본의 통계값과 모집단 특성값(모수) 사이에 생기는 차이를 말한다. 이것은 신뢰문에서 오차한계로 표현된다.

- 비표본추출오류(nonsampling error): 표본추출 오류가 아닌 모든 오류를 비표본추출오류라고 한다. 센서스에서도 비표본추출오류가 존재한다.

표본추출오류

임의표본추출오류는 표본추출오류의 한 가지이다. 임의표본추출오류는 표본크기에 의하여 제어 가능하다. 즉 표본크기를 크게 하면 임의표본추출오류를 작게 할 수 있다. 이외에도 표본추출오류에는 잘못된 표본추출로 인해 발생하는 오류가 있다. 예컨대 자발적 응답 표본이나 편의표본으로 인해 문제가 발생한다면 그것은 표본추출오류이다. 표본추출 틀(sampling frame)이 부실하다면 임의추출표본이라 하더라도 표본에 문제가 있게 되므로 표본추출오류가 발생한다.

예 5.1 전화조사

우리나라에서 1990년대 이후 전화조사가 사회조사의 방법으로 자주 활용된다. 대부분의 전화조사에서 표본추출 틀은 전화번호부인데, 전화번호부는 몇 가지 문제를 갖고 있다.

첫째, 사생활(privacy) 침해를 우려하는 사람들은 자기들 이름을 전화번호부에 올리지 않는다는 점이다. 즉 비등재(unlisting)의 문제가 있다. 우리나라에서 비등재율은 50% 정도이다. 비등재율은 사회경제적 상류층과 1·2인 가구에서 높다.

둘째, 최근 이사를 한 사람들은 전화번호부에 나타나지 않는다는 점이다. 전화번호부는 1년에 한 번 출간되므로 상당기간 동안 업데이트되지 않는다. 우리나라 대도시에서는 전월세를 사는 상당 비율의 사람들이 2년 정도마다 이사하므로 이로 인한 문제를 무시할 수 없다.

셋째, 전화가 없는 가구는 전화조사에서 원천적으로 배제된다. 우리나라에서 1인 가구의 상당수는 유선전화가 없다. 예컨대 영국은 전화 보급율이 85% 정도에 불과하다.

처음 두 문제 때문에 전화번호부를 표본추출 틀로 쓰지 않고 대신 임의번호걸기(random digit dialing)라는 방법이 고안되었다. 이 방법은 전화번호 중 마지막 4자리를 임의로 뽑아 전화면접자를 일반 가구와 연결시킨다. 그렇게 접근한 많은 수의 번호들은 결번이거나 일반가구가 아닌 회사나 상가의 전화이기도 하지만 일반가구의 모든 전화번호는 전화번호부 등재 · 업데이트 여부에 관계없이 표본으로 뽑힐 가능성이 있다.

또한, 전화조사에서는 접촉실패로 인하여 표본추출오류가 발생한다. 일반가구라 하더라도 전화를 항상 받는 것은 아니니다. 맞벌이 부부는 접촉이 힘들고 20대 남자는 집에 있는 시간이 적다. 또 전화 면접자가 전화를 건 시간이 그 집으로서는 질문에 응답하기에 너무 바쁜 시간일 수가 있다.

따라서 전화조사에서는 최소한 3회 이상의 재통화(call-back)가 필요하다. 그렇지 않은 조사에서는 접촉이 쉬운 사람/가구들로 표본이 구성된다.

비표본추출오류

비표본추출오류는 부실한 응답자료 입력과 처리, 무응답, 면접자와 응답자 사이의 심리적 상호작용 등으로 발생한다.

예 5.2. 응답자료 입력

과거에는 조사면접자가 설문지 묶음을 들고 다니면서 응답내용을 설문지에 기입하였다. 그러다보니 인간적 실수로 말미암아 기록이 부실하게 되기도 하였다. 예컨대 자녀가 있는지 · 없는지를 묻고 있는 경우에만 여러 개의 후속질문이 뒤따르는데 이것이 잘 지켜지지 않는 경우가 있었던 것이다.

요즈음의 컴퓨터보조 면접(computer-assisted interviewing)에서 조사면접자는 노트북 컴퓨터를 갖고 다닌다. 컴퓨터에는 설문지가 담겨 있고 응답은 즉시 기입

된다. 만약 응답자가 자녀가 있다고 응답하면 후속질문이 나타나지만 자녀가 없다고 응답하면 후속질문이 나타나지 않는다.

과거 종이 설문지에 연필로 응답하는 방식에서는 특정 설문에 대한 응답항목이 ①, ②, ③, ④로 되어 있는데도 ⑤가 기록되는 사고가 발생하였다. 그러나 컴퓨터 보조 조사에서는 그런 것이 사전 체크되고 예방된다. 컴퓨터가 경고음과 메시지를 내고 응답을 받아들이지 않기 때문이다. 또한 컴퓨터보조 조사에서는 자료입력이 자동적으로 이루어지기 때문에 분석시간이 단축될 뿐만 아니라 타이핑 오류(typing error)가 발생하지 않는다.

충분한 주의를 기울인다면 자료처리(data processing)상 오류는 막을 수 있다. 그러나 무응답은 조사자들을 괴롭히는 영원한 골치 거리이다.

- **무응답**(無應答, nonresponse)은 응답자의 비협조로 발생한다. 응답자가 주어진 특정 설문에 답하기 싫거나 꺼릴 수가 있고 아니면 조사자체를 거절할 수도 있다. 사회적 일탈행동(성, 마약, 부정행위 관련), 개인/회사 정보(소득/수입 관련), 투표의향(지지후보) 등이 조사 주제인 경우 무응답이 빈번하다.

무응답은 상당히 극복하기 힘든 문제이다. 그렇지만 무응답률을 낮추기 위하여 최선의 노력을 해야 한다. 전화면접에 앞서 조사취지가 인쇄된 엽서를 표본에 선발된 대상자·대상가구에 보냄으로써 조사에 대한 협조율을 높일 수 있다. 응답자에 대한 금전적·비금전적인 인센티브를 제공할 수도 있을 것이다. 조사경험이 충분히 많은 전화면접자를 확보하는 것과 충분한 면접자 훈련(interviewer training)도 중요하다.

응답자가 잘못된 응답을 함으로써 발생하는 응답오류(response error)도 비표본추출오류 중 하나이다. 응답자가 고의로 자신의 나이, 소득, 학력수준 등에 대하여 부실 응답을 하는 경우가 있다. 설문에 대한 응답이 기억에 의존해야 하는 경우 많은 응답자는 오류를 범하게 된다 [지난 1년간 몇 번 병원에 갔습니까?]. 투표소 출구 조사에서도 응답오류가 발생하기도 하는데 일부응답자들이 성(性)적·지역적 편향이 없는 사람으로 위장하는 경우가 있기 때문이다.

설문의 어구

설문을 명확하면서도 공정하게 작성하는 것은 매우 중요하나 쉽지 않다. 예컨대 A) "불우한 이웃을 돕기 위한 정부지출 증가에 찬성하십니까?"와 B) "사회복지 수준을 높이기 위한 세금 인상에 동의하십니까?"라는 두 설문은 같다고 보기 힘들다.

설문의 어구(語句, wording)를 검토할 때, 무엇보다도 응답자들을 한 쪽으로 유도하는지를 꼼꼼하게 따져봐야 한다. 예컨대 A) "인륜 파괴적 범죄를 줄이기 위하여 불가피하게 사형 제도를 존속해야 한다는 주장에 동의하십니까?" 와 B) "극악한 범죄자라고 하더라도 최소한의 인간성 존중을 위하여 사형제도가 폐지되어야 한다는 주장에 동의하십니까?" 라는 두 설문은 모두 응답자들을 한 쪽으로 모는 유도성 설문이다. 이런 것을 묻기 위하여 양쪽 주장을 모두 제시한 뒤 "사형 제도를 존속해야 한다는 주장에 동의하십니까? 아니면 사형 제도를 폐지해야 한다는 주장에 동의하십니까?"를 물어야 한다. 대부분의 언론 보도에서는 조사결과만 보도될 뿐 실제 설문이 제시되지 않는다. 따라서 사회·여론조사에 대한 언론 보도에 대하여 어느 정도 의구심을 갖고 살펴 볼 필요가 있다.

인터넷 조사

인터넷은 많은 사람들의 화두가 되어 있다. 무엇을 할 수 있을까? 혹시 돈을 왕창 벌 수 있지 않을까? 이런 것들을 생각한다.

인터넷으로 할 수 있는 한 가지는 인터넷 조사(Internet survey)이다. 인터넷 조사의 한 전형은 이렇다 [http://www.eyeclick.co.kr 참조].

1) 조사업체 웹 사이트 방문자를 상대로 패널회원 가입 신청을 받는다 [인터넷 조사 업계에서 '패널회원'이란 표본추출 틀의 의미로 사용된다].
2) 상당한 크기의 패널이 모집되면 조사회사에서는 지역, 성, 나이, 교육수준, 소득수준, 직업 등 인구통계적·사회경제적 변인이 균형 잡힌 표본을 패널로부터 추출한다.
3) 패널 중 표본에 선출된 회원에게 e-mail을 보내 조사 참여를 요청한다. e-mail에서 참여를 클릭하면 조사회사의 웹(Web) 사이트로 직접 연결된다. 조사회사는 웹 설문지에 참여한 응답자에게는 소정의 인센티브로 답례한다.
4) 별도의 자료입력이 필요 없기 때문에 짧은 시간 내에 분석이 가능하다. 공공성을 띤 조사의 경우 조사결과를 조사회사 웹 사이트에 올릴 수 있다.

인터넷 조사가 새로운 시대의 새로운 조사 방법론이다. 인터넷 조사는 비교적 빠르게 진행할 수 있고 조사비용도 면접자를 필요로 하는 면대면 조사나 전화조사에 비하여 상대적으로 저렴할 수 있으며 조사자료도 깔끔하게 생성된다. 대개의 경우 표본크기도 상당하다. 때문에 다수의 사회여론조사가 인터넷에서 진행되고 있고 우리나라에만도 여러 인터넷 조사 전문회사가 있다. 사회적 관심도 많다. 그러나 인터넷 조사에 몇 가지 비판이 따른다.

첫째, 아직은 모든 국민이 인터넷을 이용하지는 않기 때문에 인터넷 사용자 집단이 전국의 일반인들을 대표하지 않는다는 점이다. 한국 인터넷 진흥원의 2010년 인터넷이용실태조사에 의하면 남자의 인터넷 이용률(=최근 1개월간 인터넷 이용자의 비율)에 있어 남녀·나이대별로 차이가 있어서, 남자는 83.2%이고 여자는 72.4%이다. 나이대별로는 10대 99.9%, 20대 99.9%, 30대 99.3%, 40대 87.3%, 50대 55.2%, 60대 33.8%, 70세 이상 8.3%이다. 이와 같은 디지털 격차 때문에 인터넷 조사표본의 대표성은 아직은 좋지 않다.

둘째, 같은 인터넷 사용자 중에서도 활발한 사용자들의 패널 가입 가능성이 상대적으로 크고, 표본으로 선택된 조사대상자가 실제 조사에 응할 가능성이 조사 주제 및 인센티브에 대한 관심도 등에 의하여 영향 받는다는 점이다. 따라서 응답자의 자기선택편향(self-selection bias)이 개입될 가능성이 높다.

셋째, 인터넷 조사의 상대적 강점으로 생각되는 조사의 신속성과 저렴한 조사비용도 실상 그다지 효과가 크지 않다는 점이다. 인터넷 사용자들의 행태는 1주일·1일을 주기로 변동하기 때문에 조사의뢰 즉시 조사대상자들이 응답하기를 기대하기는 어렵다. 따라서 일주일 정도 시간을 갖고 수차례 조사의뢰 e-mail을 보내야 한다. 또한 대표성이 있는 패널을 갖추기 위해서는 단순히 조사회사 웹 사이트 방문자를 대상으로 모집하는 것보다 보편적인 표본추출 틀을 통해 모집하는 편이 나을 것인데 이에 따른 비용 지출이 예상된다. 예컨대 전화번호부를 틀로 하여 전화면접으로 패널 회원을 모집하는 방안이 있지만 이것을 충실히 하려면 상당한 간접비용이 든다. 또한 조사의뢰를 받고도 응답하지 않은 조사대상자들에게 3·4 차례 협조의뢰하기 위한 과정에서 단순히 e-mail 발송만 반복하는 외에 전화로 접촉하는 것이 효과적이지만 이와 같이 하려면 직접비용의 추가지출이 필요하다.

이와 같은 비판에도 불구하고 인터넷 조사가 전화 조사를 대체할 시기가 조만간 올 것으로 전망하는 사람들도 많다. 현재 인터넷은 여성보다는 남성이, 40·50·60대보다는 10·20·30대가 활발히 사용하고 있지만 십수 년 내로 완전히 보편적인 커뮤니케이션 수단이 될 것으로 보기 때문이다. 또한 개인의 사생활에 갑작스레 개입하는 전화와는 달리 인터넷은 그런 문제를 일으키지 않기 때문에 오히려 조사대상자들이 선호할 이유가 된다. 그리고 무엇보다도 인터넷 조사에서는 다양한 멀티미디어 및 동영상이 가능하기 때문에 현실적인 조사환경이 제공된다는 점을 강조한다. 예컨대 아파트에 대한 소비자 기호를 조사하는 경우 아파트 디자인을 컴퓨터 화면에서 실감나게 보여줄 수 있다.

그러나 아직은 앞에서 열거한 이러저러한 문제들이 있기 때문에, 인터넷 조사는 인터넷 사용자를 대상으로 한 조사로서만 의미가 있을 뿐 일반적인 사회여론조사의 한 가지로 간주하기는 어렵다 [다음과 같은 것들이 인터넷 사용자를 대상으로 하기에 적당한 조사이다. 네티즌의 결혼관, 네티즌이 뽑은 베스트 정치인, 네티즌이 선호하는 패션 브랜드 등].

조사결과의 수용에 앞서 검토되어야 할 사항들

과학적 방법임을 표방하는 각종 표본조사라도 간혹 사람들을 속이는 경우가 있기 때문에, 조사결과의 수용에 앞서 여러 사항들이 검토되어야 한다.

1) 누가 조사를 수행하였는가? 전문조사기관에 위촉하지 않고 이해 당사자(정치단체, 노동단체, 환경단체 등)가 조사를 직접 수행하였다면 의심해야 마땅하다.

2) 모집단은 무엇이었는가? 예컨대 화장장 건립에 시민의 과반수가 찬성하는 것으로 나왔다고 하였을 때, 어느 지역이 조사 대상이었는지를 알아볼 필요가 있다. 또한 조사의 목표집단과 실제 표본이 추출된 대상이 일치하는지 검토되어야 한다.

3) 표본이 어떻게 추출되었는가? [자발적 응답에 의한 표본이 아니었는가? 조사자의 편의에 의한 표본이 아니었는가?]

4) 표본의 크기는 얼마인가? 이와 함께 95% 신뢰수준에서 오차한계를 볼 필요가 있다.

5) 어떤 조사방법이 사용되었는가? 면대면(面對面, face-to-face) 조사였는가, 아니면 전화조사 또는 우편조사였는가? 이로 인하여 조사결과가 어떤 영향을 받지 않았는지 검토되어야 한다.

6) 응답률은 얼마였는가? 임의추출된 개체들의 몇 %가 접촉가능 하였는지? 그리고 그 중에서 몇 %가 실제로 응답하였는가를 검토해야 한다.

7) 언제 조사되었는가? 정확한 일시를 파악해야 한다. 그 날, 또는 즈음해서 설문과 관련된 특정 사건이 발생하였다면 응답자들이 영향을 받았을 수 있다.

8) 실제 설문은 무엇이었는가? 설문의 어구가 적절하였는지 검토해야 한다.

신문, TV 등 대중매체에서 표본조사에 의한 사회·여론조사 결과를 보도할 때에는 앞의 항목들이 보도되어야 하는 것이 원칙이다. 그러나, 지면과 시간상의 제약 때문에, 그리고 이런 기본사항들의 보도가 대중적 흥미를 감축시킬 수 있으므로, 많은 언론들이 보도원칙을 잘 지키지 않는다 [특히 TV가 그렇다]. 따라서 통계학을 공부하는 여러분들만이라도 언론매체의 조사결과 보도를 매우 선별적·비판적으로 수용해야 할 것이다.

연습문제

1. 모비율 p가 0.5인 모집단에서 크기 n이 400인 임의표본을 생성시켜 표본비율 $\hat{p}$을 산출하라. 그 표본으로부터 p에 대한 90% 신뢰수준의 구간을 구하라.

   * 엑셀을 활용하여 오차한계를 산출할 것.

2. 모비율 p가 0.5인 모집단에서 크기 n이 1,600인 임의표본을 생성시켜 표본비율 $\hat{p}$을 산출하라. 그 표본으로부터 에 대한 90% 신뢰수준의 구간을 구하라.

   * 엑셀을 활용하여 오차한계를 산출할 것.

3. 다음 기사(경향신문 2011.03.29)에서 통계적으로 잘못된 곳을 찾아 바르게 고쳐라.

   삼척 시민 45.6% "원전유치 반대"…찬성은 41.1%

   일본 후쿠시마 원전사태 이후 강원 삼척시의 원자력발전소 유치를 둘러싼 논란이 가열되고 있는 가운데 유치반대입장을 밝힌 주민이 더 많다는 여론조사 결과가 나왔다. 이는 주민 96.9%가 원전유치에 찬성하고 있다는 삼척시의 주장과 크게 다른 결과이다.

   민주노동당 강원도당은 사회동향연구소에 의뢰해 지난 24 25일 이틀간 삼척지역 성인 남녀 376명을 대상으로 여론조사를 실시한 결과, 45.6%(171명)가 '원전유치에 반대한다'고 응답했다고 29일 밝혔다.

   삼척 주민중 원전 유치에 '찬성한다'는 응답은 41.1%(155명)에 그쳤으며 13.3%(50명)는 '모르겠다'고 답했다. 또 강원도민 1231명을 대상으로 한 여론조사에서는 찬성(39.5%)이 반대(35.7%) 보다 다소 높게 나왔다.

   지역별로는 삼척·속초·고성·양양 등 동해안 지역의 경우 원전유치 반대 여론이, 홍천·횡성·철원·화천·양구·인제·정선 등 영서 내륙은 찬성 여론이 비교적 높은 것으로 분석됐다. 이번 조사의 표본 오차는 95% 신뢰 수준에 ±2.8%p다. 민주노동당 강원도당은 "이같은 결과는 일본 대지진에 따른 원전사고 이후 삼척지역 주민들의 여론이 변화됐음을 보여준다"며 "삼척시는 원전유치를 중단해야 한다"고 주장했다.

   이어 "아무리 목이 마르다고 해도 우물가에 괴물을 키울 순 없다"며 "지역경제 활성화를 위해 핵 발전소 유치 아니면 안 된다는 사고는 이제 독선에 불과하다"고 덧붙였다. 한편 삼척시는 그동안 만 19세 이상 주민 5만8339명 중 96.9%인 5만6551명이 '원전 유치에 찬성한다'며 유치운동 서명에 동참했다고 밝혀왔다.

4. 휴대전화 조사의 방법론을 알아보고 (참조 사이트 http://www.mbizon.com 엠비존 C&C), 휴대전화 조사의 장단점을 기술하라.

5. 휴대전화 조사에 대한 최근 이슈와 찬반 의견을 인터넷 검색으로 찾아 정리하여 제시하라.

3장. 실험연구 또는 관측연구
EXPERIMENT OR OBSERVATIONAL STUDY

이 장에서는 실험연구 방법과 관측연구 방법을 다룬다. 두 종류의 연구 방법을 구분하는 것이 중요하다. 몇 가지 기본적인 용어와 개념을 익히고 원인과 결과의 관계에 대하여 숙고할 기회가 될 것이다.

- **가짜 약도 효과가 있다.**

병원에 갔다가 왔다는 것만으로도 병이 낫는 경우가 있다. 약 모양이지만 아무 효과가 없는 가짜 약(placebo)인데도 효력을 발휘하기도 한다 (그림 1 참조). 그렇다면 어떤 치료 방법이나 치료 약이 효과가 있다는 것을 보이기 위하여는 어떻게 하여야 하나?

- **윤리적 이유**

흡연이 폐암의 원인이 되는지를 알고 싶으면 일부 피실험자에게는 흡연을 하게 하고 폐암이 되는지를 보면 된다. 비교를 위해서, 일부 피실험자에게는 흡연을 금하였음에도 불구하고 폐암이 되는지를 볼 필요가 있다. 그러나 이러한 연구는 윤리적 이유로 해선 안될 일이다. 그러면 다른 연구방법이 있을까?

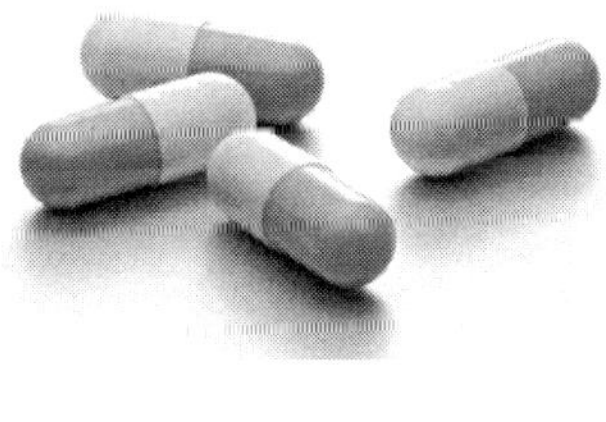

그림 1: 가짜 약(placebo)

1. 기초개념

인간의 지식은 '왜 (why)?'로부터 나온다. 왜 그런 결과가 나오는지, 그 원인을 유추하고 원인-결과의 관계를 합리적으로 이해하고자 하는 것이다. 즉 Y가 관측되었을 때 이것이 어떤 X로부터 영향을 받았을 것으로 보는 것이다. 함수로 표현하면

$$Y = f(X)$$

인데, 여기서 X를 설명변수(explanatory variable; 독립변수, independent variable)라고 하고 Y를 반응변수(response variable; 종속변수, dependent variable)라고 한다. 예를 들어 시험성적의 차이를 공부시간의 차이로 보는 경우 X는 공부시간이고 Y는 시험성적이다.

예 1.1 Salk (1973)는 갓 태어난 아기들을 임의로 두 그룹으로 나누어 한 그룹에는 심장 박동음을 들려주었고 다른 한 그룹에는 아무 소리도 들려주지 않았다. 심장 박동음을 들은 아기들은 아무 소리도 듣지 않은 아이들에 비해 뚜렷하게 성장하였다. 여기서 심장 박동음 여부가 X이고 아기의 성장도가 Y이다.

X와 Y 사이에 함수관계가 있다고 해서 꼭 X를 원인, Y를 결과로 볼 수 있는 것은 아니다. 오히려 X와 Y가 어떤 제 3의 변수 Z의 결과일 수도 있다. 도식적으로 나타내면 다음과 같다.

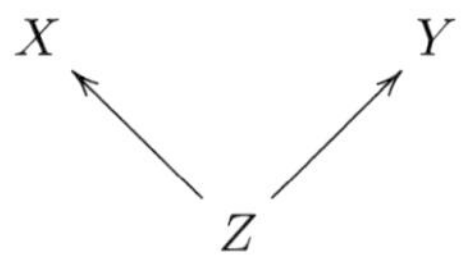

예 1.2 실제로 많은 사람들을 관찰하여 탈모증(=X)일수록 심장 발작률(=Y)이 높다는 사실을 확인하였다고 하자. 이에 따라 X와 Y는 함수관계에 있다고 할 수 있다. 그러나 탈모증이 심장 발작의 원인이라고 말할 수 있을까? 그렇지 않다. 공통원인 Z (예컨대 스트레스)에 의하여 탈모증이 되는 동시에 심장 발작률이 커질 수 있기 때문이다.

실험과 관측연구는 어떻게 다른가?

예 1.1은 실험이지만 예 1.2는 실험이 아니다. 어떤 차이인가? 실험(實驗, experiment)에서는 각 개체의 설명변수 값을 연구자가 정할 수 있다. 반면, 관측연

구(觀測硏究, observational study)에서 연구자는 각 개체의 설명변수 값을 자기 뜻대로 정할 수 있지 않다. 관측하였을 뿐이다.

예 1.1에서 연구자는 피험자인 아기들에게 엄마의 심장 박동음을 들려주거나 그렇지 않게 할 수 있었다. 따라서 예 1.1은 실험이다. 그러나 예 1.2에서 연구자는 피험자의 탈모증 정도를 자기 뜻대로 정할 수 없었다. 단지 각 실험자의 탈모증 정도를 관측하였을 뿐이다. 그러므로 예 1.2는 관측연구이다.

교락과 상호작용

한 변수가 다른 변수와 중첩되어 있으면 당연히 결과의 차이를 해석하기가 곤란하다. 다음 수치 예를 보자.

X	Z	Y
0	1	high
1	0	low

여기서는 X=0이면 Y가 'high'이고 X=1이면 Y가 'low'이다. 그런데 Z=1이면 Y가 'high'이고 Z=0이면 Y가 'low'이기도 하다. 때문에, Y가 'high'인 원인이 X=0이어서인지 아니면 Z=1이어서인지를 구별하여 말할 수 없다. 마찬가지로, Y가 'low'로 나타난 경우 그 원인이 X=1이어서인지 아니면 Z=0이어서인지를 구별하여 말할 수 없다. 이런 때 한 변수(= X)가 다른 변수(= Z)와 **교락**(交絡, confounding)되어 있다고 말한다. 교락성은 인과추론을 오류로 빠뜨린다.

예 1.3 임신 중 흡연 경험을 가진 흡연모 그룹과 흡연하지 않은 비흡연모 그룹의 자녀들을 대상으로 지능지수(IQ)를 측정하였다. 그 결과, 흡연모 그룹 자녀들의 IQ가 평균적으로 작게 나왔다. 그렇다면, 임신 중 흡연(=S, smoking)이 태아의 두뇌에 나쁜 영향을 주었다고 말할 수 있는가? 아니다. 흡연 여성들은 비흡연 여성들에 비해 영양(=N, nutrition) 상태가 나쁜데, 즉 S와 N이 교락되어 있으므로, IQ 저하에 영향을 준 것이 S인지 아니면 N인지를 구분하여 말하기 어렵기 때문이다.

앞의 예에서 볼 수 있듯이, 관측연구에서는 교락으로 인한 시비를 피하기 어렵다. 자연 상태에서는 여러 변수가 내재적으로 중첩되기 때문이다. 그러나 연구자가 개체에 대한 변수 값을 제어할 수 있는 실험에서는 교락이 나타나지 않게 할 수 있다. 예컨대, 앞의 예에서 흡연모 그룹을 둘로 나누어 한 그룹에는 N의 좋은 수준을 주고 다른 한 그룹에는 N의 나쁜 수준을 준다. 또한 비흡연모 그룹도 둘로 나누어 한 그룹에는 N의 좋은 수준을 주고 다른 한 그룹에는 N의 나쁜 수준을 주면 될 것이다. 그렇지만 말이 안 되는 이야기이다. 실험에 자원한 사람이라고 할지라도 어떻게 나쁜 영양 수준을 강제화할 수 있겠는가? 실험을 하고 싶어도 연구자가 관측 연구로 그쳐야 할 경우가 있다. 다음과 같은 경우이다.

1) 윤리적 문제가 있는 경우. 특히, 사람을 대상으로 할 때 그렇다.

2) 변수값 제어가 불가능한 경우. 예컨대 왼손잡이와 오른손잡이의 수명을 비교하는 실험을 하고자 한다면 피실험자를 왼/오른손잡이로 만들 수 있어야 하지만 그것은 기술적으로 불가능하다.

어떤 변수의 효과가 다른 변수가 어떤 값에 있느냐에 따라 다르게 나타나는 경우가 있다. 다음 수치 예를 보자.

X1	X2	Y
0	0	low
1	0	low
0	1	low
1	1	high

X2=0인 경우 X1은 Y에 아무 영향을 주지 않는다. 그러나 X2=1인 경우 X1은 Y에 결정적 영향을 준다. X1과 X2를 바꾸어 봐도 마찬가지이다 (즉, X1=1인 경우 X2는 Y에 결정적 영향을 준다. 그러나 X1=0인 경우 X2는 Y에 아무 영향을 주지 않는다). 이와 같이 2개 이상의 설명변수들이 결합하여 반응에 주는 효과가 비가법적으로 나타날 때 설명변수간 **상호작용**(相互作用, interaction; 교호작용, *交互作用*)이 있다고 말한다.

예 1.4 사교육(=P)이 학업성적(=G) 향상에 어떤 영향을 주는가에 대하여 연구하였다. 학생들에게 사교육을 받아 왔는지 조사하였고 동시에 학업동기(=M, motivation)도 측정하였다. 다음과 같이 결과가 나타났다.

P	M	G
0	0	60
1	0	65
0	1	70
1	1	90

* P = 0, 사교육 받지 않았음; P = 1, 사교육 받았음.
M = 0, 학업동기 낮음; M = 1, 학업동기 높음.

(P,M) = (0,0) 그룹에 비해 (1,0) 그룹의 성적은 5점(=65–60)이 높다. 즉, 학업동기가 낮은 그룹에서는 사교육 효과를 +5점으로 볼 수 있다. 그런데 (0,0) 그룹에 비해 (0,1) 그룹의 성적은 10점(=70–60)이 높다. 다시 말하여, 사교육을 받지 않는 그룹에서 학업동기의 수준에 따른 효과는 +10점이다. 만약 설명변수 P와 M 사이에 상호작용이 없다면 (1,1) 그룹의 성적은 (0,0) 그룹의 60점보다 +15점이 높은 75점이여야 한다. 그러나 실제로는 +30점 높은 90점이다. 그러므로 설명변수 P와 M 사이에는 강한 상호작용이 있는 것이다. 풀어 말하자면, 사교육과 학업동기가 결합되었을 때 높은 성적을 기대할 수 있다.

개체, 처리, 피험자 그리고 자원자

실험 또는 관측 연구에서 연구의 대상을 개체(個體, unit)라고 한다. 이에 따라 실험개체(experimental unit), 또는 관측개체(observational unit)라는 말이 쓰인다. 실험 연구에서 대상이 사람인 경우 피험자(subject)라는 용어를 사용한다.

실험의 경우, 실험조건의 조합에 따라 실험개체 별로 특정한 자극이 부과되는데 이 때 각 조합을 처리(處理, treatment)라고 한다. 예컨대, 갓 태어난 아기들을 두 그룹으로 나누어 한 그룹에는 심장 박동음을 들려주고 다른 그룹에는 아무 소리도 들려주지 않는 실험에서는 2개의 처리가 있는 것이다. 만약 각 그룹을 다시 모유(母乳) 그룹과 우유(牛乳) 그룹으로 나눈다면 모두 4개의 처리가 있는 것이다.

실험에서 피험자를 어떻게 확보할 수 있는가? 실험에서 피험자에게 부과되는 처리가 어떤 효과를 줄 것인가가 불명확하므로 실험에 앞서 본인 또는 보호자의 동의가 필요하다. 따라서 대부분의 실험은 자원자(volunteer)들을 대상으로 행하여진다. 이들은 실험 연구의 취지에 동의하여 또는 일정한 인센티브를 받고자 기꺼이 실험에 참여하는 것이다. 예컨대 불면증 치료에 대한 연구에서, 의학 연구자가 자기에게 치료를 받고자 찾아온 환자에게 실험에 협조해줄 것을 요청하는 경우 또는 일정한 수당을 주는 조건으로 건강한 대학생들을 모집하는 경우 등이 있다. 금전적인 인센티브로 자원자를 모집하는 경우 피험자가 저소득층이 집중되는 경향이 있으므로 연구결과의 일반화에 장애가 되는지 검토할 필요가 있다.

2. 좋은 비교실험이란?

2개 이상의 처리를 비교하는 실험을 비교실험(comparative experiment)이라고 한다. 비교실험에도 좋은 것이 있고 그렇지 않은 것이 있다. 연구자가 자기 욕심을 자제하지 못하고 목적을 관철시키고자 요리조리 수작하지나 않았는지 아니면 너무 어수룩해서 빈틈이 숭숭 있지 않은지 검토가 필요하다.

임의화

임의화(任意化, randomization)는 비교실험에서 가장 기본이 되는 요건이다. 실험개체들에 대하여 연구자가 자기 의도대로 처리 배치를 한다면 연구의 객관성이 결여되는 것은 자명하다. 따라서 처리 배치에 있어서 연구자는 완전히 손을 놔야 한다. 즉 초자연에 처리 배치를 위탁해야 한다. 그 방법은 다음과 같은 완전한 임의화이다.

2개의 처리 A와 B를 비교하는 실험을 20명의 자원자를 대상으로 할 계획이라고 하자. 어떻게 처리를 배치해야 초자연에 뜻을 맡긴 것이 되는가?

임의화 절차

1) 피험자에 일련번호를 매긴다. 이 경우 01, 02, 03, ⋯, 20이 될 것이다.
2) '01'부터 '20'까지의 숫자를 20매의 쪽지에 하나씩 적고 이 쪽지들은 커다란 항아리에 넣어 잘 섞는다.
3) 그 중에서 10매의 쪽지를 꺼내 펼친다. 이 때 나온 번호에 해당하는 피험자는 처리 A를 받고 나머지 10명은 처리 B를 받는다.

20매의 쪽지와 1개의 커다란 항아리가 없다면 다음과 같이 그 역할을 컴퓨터에 맡길 수 있겠다.

엑셀에 의한 임의화 절차

1) 열 A에 1부터 20까지 숫자를 입력한다.
2) 열 B의 첫 칸에 '`=RAND()`'를 입력하고 그 아래 19개 칸에 복사해 넣는다. [셀 서식에서 소수 자릿수를 2로 하면 그림 2의 왼쪽 위(a)와 같이 나타날 것이다. 실습파일명: '3장 임의화 절차 updated.xls'의 '완전임의화' 탭.]

열 B 전체를 복사하여 같은 자리에 '값만' 선택하여 붙여 넣는다. [셀 내에 함수 대신 값을 넣어 고정시키기 위해서이다. 그림 2의 오른쪽 위(b)와 같이 나타날 것이다. 그림 2의 왼쪽 위(a)와 아무 차이가 없어 보이지만 열 B의 칸을 클릭해보면 함수 표현 대신 수치가 들어가 있음을 확인할 수 있다.]

3) 열 B의 수치 크기에 따라 전체를 정렬한다. 그림 2의 왼쪽 아래(c)와 같이 될 것이다.

   열 C의 첫 10개의 칸에 처리 'A'를 넣고 나중 10개의 칸에 처리 'B'를 넣는다. 이에 따라 Subject ID = 13, 8, 5, 10, 2, 7, 1, 18, 19, 4인 개체들은 처리 'A'를 받고 나머지는 'B'를 받게 된다. 그림 2의 오른쪽 아래(d) 참조.

처리 배치를 한꺼번에 하기 어려운 경우도 있다. 임상의학적 연구에서는 환자가 시간이 지나면서 1명씩 도착한다. 그런 경우에는 그때 그때 동전을 던져 처리 (A 또는 B)를 정한다. 물론 엑셀을 써서 동전 던지기를 대신할 수 있다. 그림 3을 보라 (실습파일명: '3장 임의화 절차 updated.xls'의 '순차적' 탭). B5 셀에 `"=IF(RAND()<=0.5,B$2,B$3)"`를 넣는다.

대조 그룹, 위약, 그리고 눈가림

연구자의 의도가 '처리 A가 좋다'는 것을 보이는 것이라고 하자. 그렇다고 처리 A만 잔뜩 한다면 비효과적이다. 비교의 관점에서는 무엇에 견주어 좋다는 주장을 해야 설득력이 있기 때문이다. 따라서 비교실험에서는 비교의 준거가 되는 처리가 있어야 하는데 그것을 대조(對照, control) 처리라고 한다.

의약 실험에서 신약의 경우 기존 약이, 기존 약이 없는 경우엔 위약이 대조의 역할을 한다. 위약(僞藥, placebo; 가짜 약)이란 진짜 약과 겉모양과 색깔이 같으나 아무 효과가 없는 가짜 약을 말한다. 만약 위약을 쓰지 않고 신약만을 처리로 한다면 피험자들에 약이 준 영향이 과다하게 평가될 소지가 있기 때문이다 [병원에 갔다 왔다는 것만으로도 병이 낫는 경우가 있다].

예 2.1 1988년 미국의 내과 전문의 건강연구 그룹에서 5년간에 걸친 아스피린 연구 결과를 발표하였다. 이 연구의 목적은 아스피린이 심장발작의 예방에 효과가 있다는 것을 보이고자 하는 데 있었다. 이 연구에 대상이 된 피험자들은 22,071명의 내과 전문의들이었으며 이들은 아스피린 또는 위약을 배당 받아 이틀에 1알씩 먹었다. 각 그룹별로 심장발작이 발생하는지 일정기간 관찰한 결과 표 1의 결과를 얻었다. 결과적으로 1,000명당 심장발작 발생률이 아스피린 그룹에서 9.4명으로 위약 그룹

	A	B	C
1	Randomization:	Two Treatments,	20 Subjects.
2			
3	Subject ID	Random Number	
4	1	0.86	
5	2	0.25	
6	3	0.13	
7	4	0.84	
8	5	0.76	
9	6	0.36	
10	7	0.64	
11	8	0.36	
12	9	0.56	
13	10	0.94	
14	11	0.96	
15	12	0.99	
16	13	0.68	
17	14	0.31	
18	15	0.90	
19	16	0.72	
20	17	0.69	
21	18	0.07	
22	19	0.56	
23	20	0.64	
24			

a.

	A	B	C
1	Randomization:	Two Treatments,	20 Subjects.
2			
3	Subject ID	Random Number	
4	1	0.37	
5	2	0.30	
6	3	0.81	
7	4	0.48	
8	5	0.23	
9	6	0.98	
10	7	0.31	
11	8	0.18	
12	9	0.97	
13	10	0.28	
14	11	0.50	
15	12	0.51	
16	13	0.17	
17	14	0.68	
18	15	0.84	
19	16	0.80	
20	17	0.51	
21	18	0.41	
22	19	0.45	
23	20	0.80	
24			

b.

	A	B	C
1	Randomization:	Two Treatments,	20 Subjects.
2			
3	Subject ID	Random Number	
4	13	0.17	
5	8	0.18	
6	5	0.23	
7	10	0.28	
8	2	0.30	
9	7	0.31	
10	1	0.37	
11	18	0.41	
12	19	0.45	
13	4	0.48	
14	11	0.50	
15	17	0.51	
16	12	0.51	
17	14	0.68	
18	20	0.80	
19	16	0.80	
20	3	0.81	
21	15	0.84	
22	9	0.97	
23	6	0.98	
24			

c.

	A	B	C
1	Randomization:	Two Treatments,	20 Subjects.
2			
3	Subject ID	Random Number	Treatment
4	13	0.17	A
5	8	0.18	A
6	5	0.23	A
7	10	0.28	A
8	2	0.30	A
9	7	0.31	A
10	1	0.37	A
11	18	0.41	A
12	19	0.45	A
13	4	0.48	A
14	11	0.50	B
15	17	0.51	B
16	12	0.51	B
17	14	0.68	B
18	20	0.80	B
19	16	0.80	B
20	3	0.81	B
21	15	0.84	B
22	9	0.97	B
23	6	0.98	B
24			

d.

그림 2: 엑셀에 의한 임의화 절차

	A	B
1	Sequential Randomization:	
2	Treatments -	A
3		B
4	Subject ID	Treatment
5	1	A
6	2	B
7	3	B
8	4	B
9	5	A
10	6	A
11	7	B
12	8	B
13	9	B
14	10	B
15	11	A
16	12	B
17	13	A
18	14	B
19	15	B
20	16	A
21	17	B
22	18	B
23	19	A
24	20	B

그림 3: 엑셀에 의한 순차적 임의화

17.1명의 55%에 불과한 것으로 나타났다. 이것은 심장발작 예방에 아스피린이 상당한 기여를 한다는 실증인 것이다. 이 예에서는 위약 복용이 대조 처리이다.

예 2.1에서 피험자들은 자신들이 아스피린과 위약 중에서 어느 것을 먹고 있는지를 알고 있지 못했다. 만약 그것을 알게 되면 본인들의 판단이 곁들어져 실험 진행에 영향을 줄 수 있기 때문이다. 예컨대 '위약'임을 알게 되면 약을 계속 먹지 않을지 모른다. '아스피린'을 먹고 있음을 알게 된 일부 피험자들은 자신감을 가질 수도 있다. 이렇게 피험자들에게 자신들이 받고 있는 처리가 무엇인지 알지 못하게 하는 것을 **눈가림**(blinding)이라고 하는데 이렇게 하는 이유는 처리를 공정하게 비교하기 위해서이다. 피험자뿐만 아니라 피험자의 반응을 측정하는 실험자도 피험자에 부과된 실제 처리를 알지 못하도록 함으로써 측정에서의 편향을 없앨 수 있다. 이런 설계기법을 **이중 눈가림**(double blinding)이라고 한다.

표 1. 아스피린 연구 결과

		심장발작		
처리	대상자 수	발생	非발생	발생률
아스피린	11,037명	104명	10,933명	9.4
위약	11,034명	189명	10,845명	17.1

짝짓기와 블럭화

한 실험에서 대상이 될 개체들은 가급적 균일해야 한다. 그렇지 않고 차이가 상당히 있다면 임의적인 처리배치를 하더라도 처리간에 개체의 사전적 차이가 남을 수 있다. 그렇지만 균일한 실험개체들을 확보하는 것이 현실적으로 어려운 경우도 있고 해서 연구자 마음대로 되질 않는다. 이런 경우 실험처리 이전 상태에서 유사한 개체 2개씩 (또는 처리 수 만큼의 개체를) 사전에 짝짓기(matching) 하여 임의의 하나를 처리 A에 다른 하나를 처리 B에 배당할 수 있겠는데, 이런 실험 설계를 짝짓기 설계(matching design)라고 한다.

2개씩, 또는 처리 수만큼의 개체들을 짝짓기하기 보다는 어떤 기준에 의하여 상호 유사한 개체들을 묶고 각 묶음 내에서 처리배치를 임의화하는 방법도 있겠다. 이렇게 내적으로 균일한 개체들의 묶음을 블록(block)이라고 하고 개체들을 묶는 과정을 블록화(blocking)라고 한다.

예 2.2 엑셀에 의한 짝짓기: 금연 팻치가 효과가 있는가를 알아보고자, 금연을 서약한 피험자에게 금연 팻치 또는 플라시보 팻치를 8주간 부착하게 한 후 금연의 성공 여부를 조사하는 실험을 하고자 한다. 피실험 자원자는 모두 30명인데 나이가 29세에서 75세까지 상당한 변이를 보이고 있다. 나이가 금연의 성공 여부에 영향을 미칠 수 있다고 판단하여 나이를 짝짓기 기준으로 활용하고자 한다.

1) 열 A에 1부터 30까지 Subject ID를, 열 B에 Age를 입력한다. 그림 4의 열 A와 B를 보라.

2) 열 A와 B를 각각 열 D와 E에 복사한 뒤, 열 D와 E를 Age의 오름차순으로 정렬한다. 그림 4의 열 D와 E를 보라.

3) 이제 열 D에 나타나는 순서에 따른 두 명씩을 짝으로 간주한다. 예컨대 Subject ID 22번과 25번은 짝이다. 그들은 나이가 29세, 29세이다. 다음 짝은 Subject ID 19번과 24번은 짝이다. 그들은 나이가 각각 30세, 34세이다.

4) 짝 내 첫 피험자에게 처리 A (금연 팻치)와 B (플라시보 팻치) 중 하나를 임의배당한다. 한 피험자가 A를 받으면 다른 피험자는 자동으로 B를 받는다. 이를 엑셀로 표현하면 다음과 같다.

   셀 F4: `=IF(RAND()<=0.5,E$1,F$1)`
   [셀 `E$1`에는 'A', 칸 `F$1`에는 'B'가 입력되어 있다.]
   셀 F5: `=IF(F4="B",E$1,F$1)`

	A	B	C	D	E	F
1	Matching Design:		Two Treatments		A	B
2						
3	Subject ID	Age		Subject ID	Age	Treatment
4	1	44		22	29	A
5	2	66		25	29	B
6	3	36		19	30	B
7	4	40		24	34	A
8	5	35		5	35	A
9	6	52		3	36	B
10	7	59		4	40	A
11	8	62		30	40	B
12	9	75		13	43	B
13	10	51		21	43	A
14	11	64		1	44	B
15	12	51		28	45	A
16	13	43		23	46	B
17	14	54		27	49	A
18	15	57		20	50	A
19	16	67		10	51	B
20	17	61		12	51	A
21	18	51		18	51	B
22	19	30		6	52	B
23	20	50		26	53	A
24	21	43		29	53	A
25	22	29		14	54	B
26	23	46		15	57	A
27	24	34		7	59	B
28	25	29		17	61	B
29	26	53		8	62	A
30	27	49		11	64	A
31	28	45		2	66	B
32	29	53		16	67	B
33	30	40		9	75	A

그림 4: 짝짓기 설계에서의 임의처리배치

그 이하 셀들에는 셀 `F4:F5`를 복사해 넣는다. 그 결과가 그림 4의 열 F이고 이것으로 처리배치가 완료된 것이다 (실습파일명: '3장 임의화 절차 updated.xls'의 '짝짓기' 탭).

5) 열 D, E, F 다시 Subject ID(=열 D)의 오름차순으로 정렬하여 피험자별 처리에 들어간다.

실제로 미국에서 실제로 시행한 한 금연 패치 실험에서는 총 240명의 자원자가 참여하였는데 금연 패치 그룹에서는 8주후 금연률이 46%로 나타났고 플라시보 그룹에서는 20%로 나타나 금연 패치의 효과가 뚜렷이 있음이 보고된 바 있다.

예 2.3 엑셀에 의한 블록화: 멀티미디어 수업을 학업 성취도 측면에서 전통적 강의

	A	B	C	D	E	F
1	Block Design:		Two Treatments		A	B
2						
3	Subject ID	Year	Random N	Rank	Treatment	
4	1	1	0.53	3	A	
5	2	1	0.67	2	A	
6	3	1	0.37	6	B	
7	4	1	0.40	5	B	
8	5	1	0.83	1	A	
9	6	1	0.47	4	B	
10	7	2	0.89	1	A	
11	8	2	0.86	3	A	
12	9	2	0.01	6	B	
13	10	2	0.21	5	B	
14	11	2	0.64	4	B	
15	12	2	0.86	2	A	
16	13	3	0.58	2	A	
17	14	3	0.21	5	B	
18	15	3	0.29	3	A	
19	16	3	0.76	1	A	
20	17	3	0.22	4	B	
21	18	3	0.08	6	B	
22	19	4	0.80	2	A	
23	20	4	0.91	1	A	
24	21	4	0.30	5	B	
25	22	4	0.41	4	B	
26	23	4	0.22	6	B	
27	24	4	0.54	3	A	

그림 5: 블록화설계에서의 임의처리배치

수업과 비교하고자 한다. 이 실험에 자원한 학생들을 학년별로 6명씩 선별하여 총 24명으로 피험자 집단을 정하였다. 그림 5를 보라. Subject ID 1번부터 6번까지는 1학년생, 7번부터 12번까지 2학년생, 13번부터 18번까지 3학년생, 19번부터 24번까지는 4학년생이다. 이 실험에서는 학년별로 구분된 피험자 그룹을 블록으로 정의한다. 즉, 같은 학년에 속한 피험자들의 학업 행태가 상호 유사하다는 점을 고려한 것이다. 각 블록내에서 처리 배치를 엑셀로는 다음과 같이 한다. 그림 5 참조 (실습파일명: '3장 임의화 절차 updated.xls'의 '블록화' 탭).

1) 열 A에 1부터 24까지 Subject ID를, 열 B에 Year를 입력한다. 그림 5의 열 A와 B를 보라. 현재 열 B는 오름차순으로 정렬되어 있다. 만약 그렇지 않다면 Year의 크기 순서로 정렬할 필요가 있다. (여기서는 Year가 블록화 기준 변수이다.)

2) 열 C에 0과 1사이의 임의수(난수, random number)를 넣는다.

3) 열 D에 C의 블록내 순위를 넣는다. 예컨대, 열 D의 첫 6개 칸에 열 C의 첫

6개 칸 값들의 순위를 넣는다. 구체적으로

칸 D4: `=RANK(C4,C$4:C$9)`

칸 D5: `=RANK(C5,C$4:C$9)`

...

4) 열 E에는 순위 값이 1, 2, 3이면 'A'를 넣고 순위 값이 4, 5, 6이면 'B'를 넣는다. 이에 따라 각 블록에는 3개의 A와 3개의 B가 섞여진다. 이것으로 처리 배치가 완료되었다.

3. 좋은 관측연구란?

2개 이상의 조건을 비교하되 실험이 하기 어렵거나 비효율적인 경우 실험 대신 관측연구(observational study)를 고려하게 된다. 이것은 피관측체에 인위적인 자극을 가하지 않고 있는 그대로를 관측하여 얻은 자료에 기초한 연구방법이다.

사례-대조 연구(case-control study)

예 3.1 중년 남자의 원형 탈모증(pattern baldness)과 심장발작(heart attack) 사이에 연관성이 있지 않은가를 알아보고자 미국의 Lesko 등 (1993)의 연구자들은 제1차 심장발작증으로 입원한 사람들 중 몇 명이 '탈모증' (원형 탈모증)인가를 조사하였다. 그 결과 665명 중 42%가 그런 경우에 해당하는 것으로 나타났다. 비교를 위하여 그 병원에 다른 증세로 입원한 같은 나이대의 772명을 조사한 결과 34%만이 탈모증였다. 연구자들은 탈모증이 심장발작의 원인은 아닐지라도 심장발작의 전조가 되는 증상이라는 결론을 얻었다.

예 3.1의 수리적 논리를 살펴보자. 탈모증을 B, 심장발작을 H로 나타내자. 그들은

$$P\{B|H\} = 0.42, \quad P\{B|\bar{H}\} = 0.34$$

또는

$$P\{\bar{B}|H\} = 0.58, \quad P\{\bar{B}|\bar{H}\} = 0.66$$

을 얻었다. 그들에게 필요한 수치는 이것보다는 탈모증 B의 심장발작 비율인 $P\{H|B\}$인데 이것을 오즈(odds, 성공 대 실패의 비)로 표현하면 다음과 같다.

$$P\{H|B\}/P\{\bar{H}|B\}. \tag{1}$$

이것에 대조되어야 할 수치는 비(非)탈모증 $\bar{B}$의 심장발작에 대한 오즈인

$$P\{H|\bar{B}\}/P\{\bar{H}|\bar{B}\} \tag{2}$$

이다. 따라서 (1)/(2)가 1보다 크다면 B가 $\bar{B}$에 비교하여 H 발생과 연관된 조건이라는 것을 말해줄 것이다. 그러면 (1)/(2), 즉 오즈 비(odds ratio) OR을 계산해보자.

$$OR = \frac{P\{H|B\}/P\{\bar{H}|B\}}{P\{H|\bar{B}\}/P\{\bar{H}|\bar{B}\}} = \frac{P\{H|B\}\,P\{\bar{H}|\bar{B}\}}{P\{\bar{H}|B\}\,P\{H|\bar{B}\}}$$

인데

$$P\{H|B\} = P\{H\,B\}/P\{B\} = P\{H\}\,P\{B|H\}/P\{B\}$$

이고 이와 유사하게 $P\{\bar{H}|B\}, P\{H|\bar{B}\}, P\{\bar{H}|\bar{B}\}$를 재표현할 수 있으므로 OR은 다음과 같이 나타내진다.

$$OR = \frac{P\{H|B\}\, P\{\bar{H}|\bar{B}\}}{P\{\bar{H}|B\}\, P\{H|\bar{B}\}} = \frac{P\{B|H\}\, P\{\bar{B}|\bar{H}\}}{P\{\bar{B}|H\}\, P\{B|\bar{H}\}} = \frac{0.42 \cdot 0.66}{0.34 \cdot 0.58} = 1.41.$$

OR이 1보다 크므로 B가 $\bar{B}$에 비교하여 H 발생과 연관된 조건임을 알 수 있다.

예 3.1에서 심장발작 환자들을 사례(事例, case)라고 한다. 이에 비교되는 비(非) 심장발작 환자들은 대조(對照, control)의 역할을 한다.

실험 대신 이와 같은 연구를 사례-대조 연구(case-control study) 연구를 하는 이유는 윤리적 문제와 연구의 신속성 때문이다. 사람을 탈모증로 만드는 일은 윤리적이지 않을 뿐만 아니라 만약 탈모증로 만들더라도 심장발작까지는 많은 시간이 걸릴 수 있기 때문에 효율적이지 못하다.

이에 반하여, 예 3.1은 사람들을 탈모증로 제어한 것이 아니라 단지 관측한 것 뿐이며 결과를 보고나서 원인을 조사하는 후향석(retrospective) 방향으로 진행되기 때문에 짧은 시간동안에 연구가 가능하다.

그렇다고 후향적 연구에 좋은 점만 있는 것은 아니다. 윤리성과 효율성을 얻는 대신 동시에 여러 약점을 안는다. 첫째는 '원인-결과' 추론에 지장이 있을 수 있다. 앞의 예에서도 당연히 그렇다. 탈모증와 실장발작이 제3 원인의 공통된 결과(outcome)일 가능성이 있지 않은가? 둘째는 과거 일의 회상이 요구되는 경우 그 정확성이 문제가 된다. 예컨대 흡연과 폐암의 연관성에 대한 사례-대조 연구를 보자. 폐암 환자들과 같은 나이대 비폐암 환자들을 대상으로 과거 흡연량을 조사하여, 폐암 환자들의 과거 흡연량이 비폐암 환자들의 과거 흡연량에 비하여 크다는 것을 보였다고 하자. 이것을 액면 그대로 받아 들일 수 있을까? 그렇지 않다. 현재의 폐암 환자는 과거 흡연 습관을 후회하는 심리적 상태에 있기 쉽고 따라서 과거 흡연량을 다소 과다하게 보고할 가능성이 있다. 그러나 비폐암 환자들은 과거 흡연에 대하여 신중하게 생각하지 않을 것이며 이에 따라 과거 흡연량을 다소 과소하게 보고할지 모른다. 따라서, 실제 흡연이 폐암 발생과 아무 관련이 없는 상황에서도 많은 사람들이 관계 있다고 생각하기 때문에 사례 대조 연구의 결과가 흡연이 폐암 발생과 관련 있는 것으로 나올 수 있다.

고호트 연구(cohort study)

예 3.2 1939년 하버드 대학 법과대학 교수였던 셀던 글루엑(Sheldon Gleuck) 씨는 그의 부인(Eleanor Gleuck)과 함께 500명의 14세 소년원(비행) 학생과 함께 같은 나이의 정상 학생 500명에 대한 전향적 조사(prospective study)에 착수하였다. 두 그룹의 학생들은 지능지수의 평균이 95로 같았고 다수의 사회경제적 배경 등이 일치하도록 선택되었다. 이들은 17세, 25세, 32세 되는 해에 그들의 표본을 재조사하였고 연구 결과를 후에 범죄학의 고전이 된 Unraveling Juvenile Delinquency라는 저서로 남겼다. 그들이 마지막으로 표본을 조사한 해는 연구에 착수한지 21-23년이 지난 1960-62년이었다.

시작점에서 균일한 특성의 조사 집단을 코호트(cohort)라고 한다. 예 3.2에서는 비행 소년과 정상 소년이라는 2개의 코호트가 관측되었다. 코호트 연구는 앞에서 보듯 많은 시간이 소요되지만 그 만큼의 가치가 있는 좋은 관측연구이다.

연습문제

1. 2종의 태블릿 PC(아이패드 vs 갤럭시 탭)에 대한 사용자 만족도를 비교하고자 비교실험을 하고자 한다. 실험에 참여하기로 한 100명의 피험자를 같은 크기로 2개 그룹으로 나누어 한 그룹에는 실험기간 중 아이패드를, 다른 한 그룹에는 실험기간 중 갤럭시 탭을 사용하게 할 것이다. 그런데 사전적 의견을 조사하니 64명은 아이패드를 선호하고, 나머지 36명은 갤럭시 탭을 선호한다고 하였다. 어떻게 처리배치를 하는 것이 좋겠는가?

2. 의사 K는 자신의 개인병원에 내원한 간염 환자들을 대상으로 녹즙의 효과를 설명하고 매일 녹즙을 마실 것을 권하였다. 그리고 3개월 후, K는 환자의 상태를 검진하였다. 그 결과, 녹즙을 매일 마신 30명 가운데 24명이 호전되었으나 6명은 호전되지 않았고, 녹즙을 매일 마시지 않은 10명 중에는 2명이 호전되었으나 8명은 호전되지 않았다. K는 이를 토대로 녹즙의 효과가 입증되었음을 주장한다. 1) 방법론적 측면에서 이 연구의 취약점은 무엇인가? 2) K의 연구를 보나 낫게 재설계하여보라.

4장. 자료기술 DESCRIBING THE DATA

이 장에서는 자료의 일변량 및 이변량 기술(記述, description) 기법을 다룬다. 줄기그림, 히스토그램, 다섯수치요약, 평균·표준편차, 상자그림, 특이값, 산점도, 상관계수(피어슨, 스피어만) 등 통계적 도구를 익혀보자.

1. 줄기그림

자료(data)를 볼 때 통계적 관점에서는 자료값(data values)의 중심성향과 산포를 우선적으로 살핀다.

중심성향(中心性向, central tendency)은 자료값들이 어떤 값을 중심으로 하고 있는가를 말하고, **산포**(散布; 퍼짐, dispersion)는 자료값들이 어느 정도 어떻게 퍼져있는가를 말한다.

표 1의 자료는 2004년 프로야구에서 한국시리즈에 오른 삼성 라이온스와 현대 유니콘스의 타자기록이다 (출처: 한국야구위원회, http://www.koreabaseball.or.kr). 삼성 타자 25명과 현대 타자 19명 등 총 44명에 대하여 타율과 타수를 볼 수 있다. 표를 보면 숫자가 가득하다. 처음엔 엄두가 나지 않을지 모른다.

첫 걸음이 반이라고 변수 하나씩 보는 것으로 시작하면 된다. 타율부터 보자. 마침 자료가 팀별로 타율 크기 순서로 정렬되어 있다. 삼성에서는 양준혁 선수가 0.315로 가장 높고 최형우, 임창용, 고지행, 곽용섭 선수가 0.000으로 가장 낮다. 현대에서는 지석훈 선수가 1.000으로 가장 높고 정수성 선수가 0.125로 가장 낮다.

일변량 자료기술에서는 연속형 변수에 대하여는 무엇보다 앞서 그 변수의 분포를 본다. 그 방법으로는 다음 두 가지가 대표적이다.

- 히스토그램(histogram)
- 줄기그림(stem-and-leaf display, 줄기-잎 그림)

줄기그림은 자료값을 줄기와 잎으로 분리하여 펼쳐 보인 그래프이다. 타율의 자료값에서 소수점 아래 첫째 자리를 줄기로, 둘째 자리를 잎으로 보고 그 아래 나머지 숫자는 무시하자. 그러면 양준혁 선수의 타율 0.315를 다음과 같이 볼 수 있다.

표 1: 2004년 한국프로야구 타자성적

팀	이름	타율	타수	팀	이름	타율	타수
삼성	양준혁	0.315	479	현대	지석훈	1.000	1
	박한이	0.310	503		브룸바	0.343	475
	김대익	0.298	104		전근표	0.296	108
	강동우	0.295	438		이숭용	0.293	468
	박종호	0.282	514		전준호	0.292	487
	진갑용	0.278	439		박진만	0.286	434
	강명구	0.273	11		강귀태	0.284	141
	김승관	0.271	48		채종국	0.275	327
	김한수	0.271	498		정성훈	0.266	470
	오리어리	0.265	211		송지만	0.265	486
	김종훈	0.264	341		심정수	0.256	367
	이태호	0.250	8		김동수	0.251	311
	조동찬	0.222	342		김일경	0.221	122
	신동주	0.219	105		이택근	0.211	57
	현재윤	0.214	210		조재호	0.204	98
	김재걸	0.188	64		서한규	0.194	31
	로페즈	0.162	68		강병식	0.176	17
	이정식	0.143	42		김민우	0.125	48
	최익성	0.125	16		정수성	0.125	32
	박정환	0.121	33				
	박석민	0.103	29				
	최형우	0.000	2				
	임창용	0.000	1				
	고지행	0.000	2				
	곽용섭	0.000	1				

* 전체 파일은 '4장 프로야구.xls'의 '전체' 탭에 있음.

0.315	=	0.3	+	0.01	+	0.005
자료값		줄기		잎		나머지

이런 식으로 다른 선수 43명의 타율에 대하여도 자료값을 분해하여 다음과 같이 나타낼 수 있다.

```
10 | 0
 9 |
 8 |
 7 |
 6 |
 5 |
 4 |
 3 | 114
 2 | 99877776652119998876655210
 1 | 8642209722
 0 | 0000
```

줄기그림의 전체적인 모양을 감상하기 전에 이 그림에서 잎의 수가 자료 크기와 같은가를 확인해볼 필요가 있다. 단순한 일이지만, 드물지 않게 실수가 발생하므로 주의를 하는 것이다.

이 줄기그림(단위 0.1)에서 자료의 범위를 알 수 있는데 최소값은 0.0대이고 최대값 1.0대이다. 야구를 약간만 안다면 프로야구에서는 최소 1할 대, 최고 3할 대의 타율이 나온다는 것은 상식인데, 최소 0할 대, 최대 10할 대라니! 어떻게 이와 같이 황당한 자료값이 나온 것일까?

이와 같이 잘 이해가 안되는 경우 자료값 검토를 한다. 표 1에서 타율 1.0은 현대 지석훈 선수의 것인데 시즌 타수가 1에 불과하다는 것을 알 수 있다. 그것이 안타가 되어 된 것이다 (3루타!). 운이 좋았던 것이다. 그리고 타율 0.0은 삼성의 최형우, 임창용, 고지행, 곽용섭 선수의 것인데 시즌 타수가 1, 2, 1, 1에 불과하다. 역시 정규 타자가 아닌 것이다.

본격적인 기술 분석에 선행하여 자료선별(data screening) 조건을 고려할 필요가 있다. 예컨대 타수가 10 이상인 경우로 제한하여 보자. 그러면 앞의 5명 선수 외에 삼성의 이대호 선수 (8 타수, 0.250 타율)가 제외된다. 표 2가 남은 자료이고 자료 크기는 38이다. 이제 줄기그림은 다음과 같이 구성된다.

```
3 | 114
2 | 99877776621199998876655210
1 | 8642209722
```

표 2: 2004년 한국프로야구 타자성적 (10타수 이상)

팀	이름	타율	타수	팀	이름	타율	타수
삼성	양준혁	0.315	479	현대	*		
	박한이	0.310	503		브룸바	0.343	475
	김대익	0.298	104		전근표	0.296	108
	강동우	0.295	438		이숭용	0.293	468
	박종호	0.282	514		전준호	0.292	487
	진갑용	0.278	439		박진만	0.286	434
	강명구	0.273	11		강귀태	0.284	141
	김승관	0.271	48		채종국	0.275	327
	김한수	0.271	498		정성훈	0.266	470
	오리어리	0.265	211		송지만	0.265	486
	김종훈	0.264	341		심정수	0.256	367
	*				김동수	0.251	311
	조동찬	0.222	342		김일경	0.221	122
	신동주	0.219	105		이택근	0.211	57
	현재윤	0.214	210		조재호	0.204	98
	김재걸	0.188	64		서한규	0.194	31
	로페즈	0.162	68		강병식	0.176	17
	이정식	0.143	42		김민우	0.125	48
	최익성	0.125	16		정수성	0.125	32
	박정환	0.121	33				
	박석민	0.103	29				
	*						

* 전체 파일은 '4장 프로야구.xls'의 '10타수+' 탭에 있음.

그런데 이 그림은 줄기 수가 너무 적어 전체적 분포 모습을 알아보기가 어렵다. 따라서 한 줄기를 2개로 쪼개는 방안을 고려할 필요가 있다. 잎이 9, 8, 7, 6, 5인 경우와 4, 3, 2, 1, 0인 경우로 나누어 별개 줄에 넣는다. 다음과 같이 될 것이다.

```
3 | 114
2 | 9987777669998876655
2 | 211210
1 | 8697
1 | 422022
```

```
3 | 4
3 |
3 | 11
2 | 99899988
2 | 777766766
2 | 55
2 | 22
2 | 1110
1 | 89
1 | 67
1 | 4
1 | 2222
1 | 0
```

그림 1: 2004년 프로야구 타율의 줄기그림

이제 모습이 갖춰져 보인다. 그러나 줄기 2의 위 부분에 너무 많은 수의 자료값이 뭉쳐 있다. 그렇다면 한 줄기를 2개 대신 5개로 나누면 어떨까? 잎이 9· 8인 경우, 7·6인 경우, 5·4인 경우, 3·2인 경우, 1·0인 경우로 나누어 별개 줄에 넣는다. 그림 1과 같이 된다.

이젠 줄기 수가 너무 많은 게 아닌가 싶기는 하지만 전체 모습을 제대로 볼 수 있다. 타율 0.26대과 0.27대가 가장 많다. 따라서 0.28대 이상의 타율이면 A 등급(11명), 0.27대과 0.26대 타율이면 B 등급(9명), 0.25대–0.20대 타율이면 C 등급(8명), 0.19대 이하이면 D 등급(10명)으로 간주할 수 있겠다. 이와 같이 자료의 크기가 100이내인 경우라면 시행착오를 통해 좋은 모양의 줄기그림을 수작업으로 만들 수 있다.

분포의 모양을 보기 위한 전통적 방법은 히스토그램(histogram)이다. 히스토그램은 줄기그림에 비하여 구간의 너비를 임의로 정할 수 있다는 이점이 있지만 수(手)작업으로는 세련되게 만들기 어려워 대개 소프트웨어를 사용한다. 그림 2는 표 2 자료의 타율 변수에 대하여 R이라는 소프트웨어를 사용하여 얻은 히스토그램이다. 일반적으로, 자료 크기가 큰 경우에는 줄기그림보다 히스토그램이 보기에 좋다.

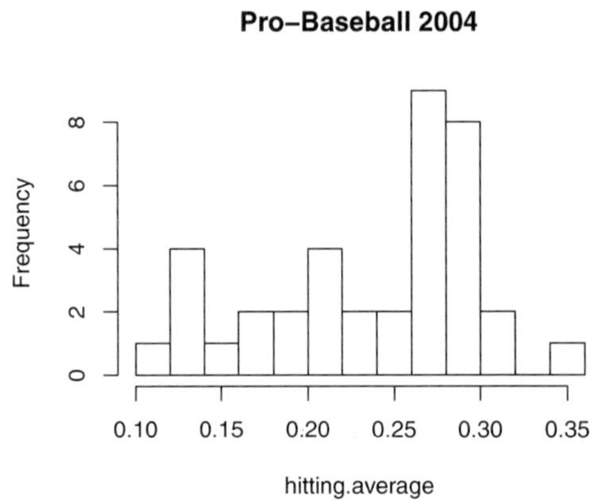

그림 2: 2004년 프로야구 타율의 히스토그램

2. 다섯수치요약과 상자그림

앞 절의 예에서 줄기그림으로부터 타율이 최소 0.10대, 최대 0.34대이고 그 사이에 걸쳐 있는 것을 볼 수 있었다. 그러면 자료의 주경향을 나타내는 대표값은 무엇인가? 평균(mean)과 중간값(중위수, median)이 그것인데 여기서는 중간값을 우선하기로 한다.

- **중간값**(中位數; median): 전체자료를 크기순으로 늘어놓았을 때 중간에 오는 자료값. 자료의 크기 n이 홀수이면 $(n+1)/2$ 번째 값이 중간값이고, n이 짝수이면 $n/2$ 번째 자료값과 $n/2+1$ 번째 자료값의 평균이 중간값이다.

이 정의에 따라 표 2 자료 타율변수의 중간값을 구해보자. $n = 38$이므로 19번째 자료값과 20번째 자료값의 평균이 중간값이다. 줄기그림을 보면 0.26대 이상이 20명이므로 0.26대의 작은 두 값을 찾아내어 평균내면 된다. 표 2에서 그것을 추적해보면 0.264와 0.265, 따라서 중간값은 $(0.264+0.265)/2 = 0.2645$. 한편, 최소값은 0.103이고 최대값은 0.343이다.

이제까지 자료를 최소값, 중간값, 최대값의 3개 수치로 요약하였지만, 이들 요약수치로부터 자료전체의 분포를 다시 만들 수 없다는 의미에서 결코 충분하다고는 할 수 없다. 추가로 어떤 요약수치를 확보하면 더 많은 정보가 될까? 하위 50% 집단의 중간값과 상위 50% 집단의 중간값이 자료값 분포의 산포(퍼짐, dispersion)에 대한 정보를 준다.

- **4분위수**(四分位數, quartile): 크기순으로 늘어놓았을 때 1/4 위치에 오는 자료값. Q1과 Q3로 표기한다. 자료의 크기가 n이면 $H = (n+1)/4$번째 값이 4분위수이다. 예컨대 $n = 38$ 이면 $H = (38+1)/4 = 9.75$이다. H가 정수가 아닌 경우에는 인근 자료값을 보간한다.

그림 1의 줄기그림에서 아래에서 9번째 자료값은 0.18대, 10번째 자료값은 0.19대이다. 표 2의 자료에서 확인해보면

아래에서: 9번째 자료값 = 0.188, 10번째 자료값 = 0.194

이다. 따라서 아래 4분위수는

$$\text{Q1} = \tfrac{1}{4} \cdot 0.188 + \tfrac{3}{4} \cdot 0.194 = 0.1925$$

이다. 마찬가지로 위 4분위수를 산출할 수 있다. 표 2의 자료에서

위에서: 9번째 자료값 = 0.286, 10번째 자료값 = 0.284

이다. 따라서 위 4분위수는

$$\text{Q3} = \tfrac{1}{4} \cdot 0.286 + \tfrac{3}{4} \cdot 0.284 = 0.2845$$

이다. 이렇게 자료를 일단 5개의 수치로 요약하면 그런대로 충분하다.

- **다섯수치요약**(five number summary) : 최소값(min), 아래 4분위수(Q1), 중간값(med), 위 4분위수(Q3), 최대값(max).

표 2 자료의 타율변수에 대한 다섯수치요약은 (0.103, 0.1925, 0.2645, 0.2845, 0.343)이다. 유효숫자 수를 맞추면 (0.103, 0.193, 0.265, 0.285, 0.343)이다.

상자그림(box plot)은 다섯수치요약을 한 눈에 볼 수 있게 한 것이다. 그림 3에서 볼 수 있는 상자의 양끝 선은 두 4분위수이고 가운데 선은 중간값이다. 그리고 상자의 양끝에서 최소값·최대값 사이는 선으로 연결되어 있다. 그러므로 자료분포에서 상자와 선이 차지하는 비율은 각각 절반씩이다.

자료의 중심경향인 대표값과 산포에 대한 측도로 사회에서 빈도 높게 쓰이는 것은 평균과 표준편차이다. 자료값을 $x_1, \cdots, x_n$이라고 할 때, 평균과 표준편차의 정의는 다음과 같다.

- **평균**(mean) : $\bar{x} = \frac{1}{n}(x_1 + \cdots + x_n).$

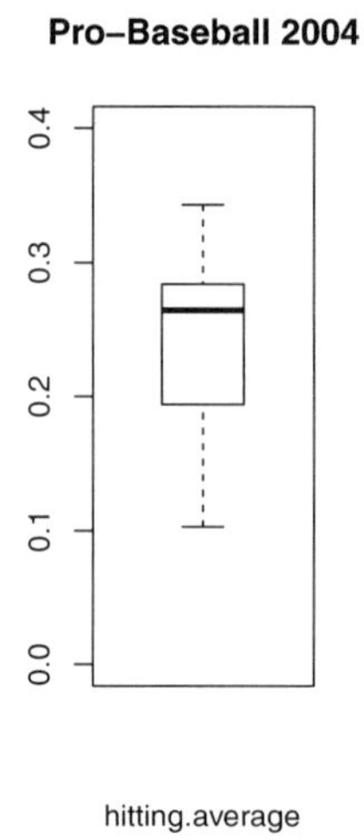

그림 3: 2004년 프로야구 타율의 상자그림

- **표준편차**(standard deviation) :

$$s = \sqrt{\frac{(x_1 - \bar{x})^2 + \cdots + (x_n - \bar{x})^2}{n-1}}.$$

크기가 38$(= n)$인 표 2 자료의 타율변수에 대하여 평균과 표준편차를 구해보면

$$\bar{x} = 0.236, \quad s = 0.064$$

인데, 평균만 하더라도 포켓 계산기 없이는 어렵다. 표준편차 계산은 수작업으로는 더욱 어렵다.

앞의 예에서는 평균이 중간값보다 약간 작은 것을 볼 수 있는데 이와 같은 현상은 분포가 작은 값 쪽으로 긴 꼬리를 갖는 경우 나타난다. 반대로 분포가 큰 값 쪽으로 긴 꼬리를 갖는 경우엔 평균이 중간값보다 큰 값을 취한다.

예를 보자. 다음은 2004년 한국 프로야구 자료에서 '홈런' 변수에 대한 줄기그림이다 (실습파일명 '4장 자료기술.xls'의 '10타수+' 탭).

```
3 | 3
2 | 8
2 | 422
1 | 667
1 | 0
0 | 857798
0 | 130224032001444202000000
```

이제 다섯수치요약을 구해보면 (0, 0, 3.5, 9.3, 33)이고 평균은 7.0으로 중간값에 비해 엄청 크다. 즉, 분포가 큰 값 쪽으로 긴 꼬리를 갖는다. 사실, 7번(=평균) 넘게 홈런을 친 선수는 12명(31.6%)이고 7번 못 미치게 홈런을 친 선수는 24명(63.2%)이다. 비대칭 분포에서 평균은 대표값의 측도로 적절하지 않다.

3. 정규분포와 특이값

원점에서 시작하여 1/2의 확률로 오른쪽으로 한 칸 움직이고 1/2의 확률로 왼쪽으로 한 칸 움직인다고 하자. 예컨대 동전 던지기를 염두에 두자. 이런 확률적 시행을 독립적으로 n번 한다면 최종 위치 X_n이 어떤 모습의 분포를 따를까? (1회의 게임에서 1/2의 확률로 1원을 따거나 1/2의 확률로 1원을 잃을 수 있다고 하고 이런 게임을 n번 한다면, X_n은 n 게임 후의 득실이 될 것이다.)

$n = 1$이면 물론 $P\{X_1 = -1\} = \frac{1}{2}$, $P\{X_1 = +1\} = \frac{1}{2}$이다. 즉

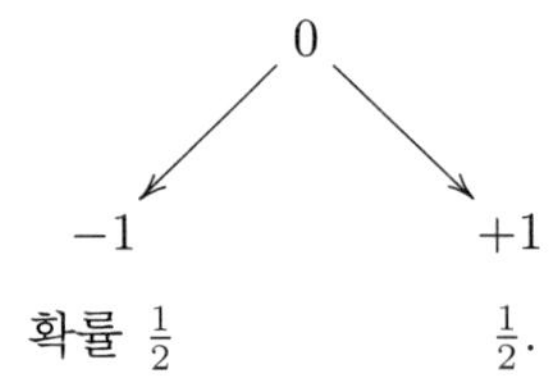

$n = 2$이면 $P\{X_2 = -2\} = \frac{1}{4}$, $P\{X_2 = 0\} = \frac{1}{2}$, $P\{X_2 = +2\} = \frac{1}{4}$이다. 즉

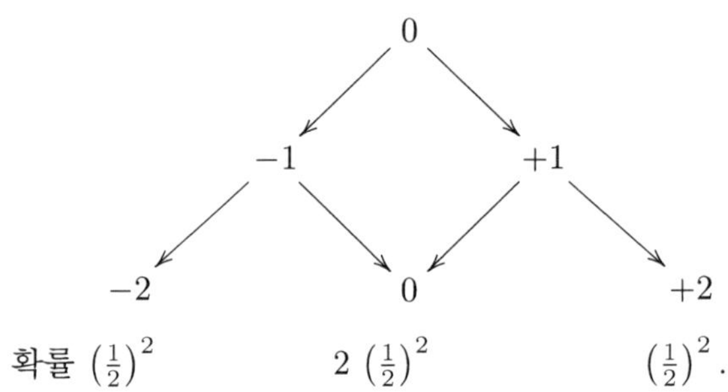

이런 식으로 n이 커지면 X_n의 분포가 다음과 같은 확률밀도함수의 형태가 된다는 것을 보일 수 있다 (여기서는 수학적 유도 과정을 생략한다. 허명회 (1997)의≪통계적 개념·방법·응용≫(3.1절)을 참조하기 바란다).

$$f(x;\mu,\sigma) = \frac{1}{\sqrt{2\pi}\sigma}\, e^{-\frac{(x-\mu)^2}{\sigma^2}}, \quad -\infty < x < \infty.$$

이 곡선을 가우스 곡선 또는 정규곡선(normal curve)이라고 하며 그 모습은 서양의 종 모양(bell shape)이다 (여기서 $e = 2.7182\cdots$). 그림 4는 $\mu = 0, \sigma = 1$인 경우의 정규분포의 확률밀도함수이다.

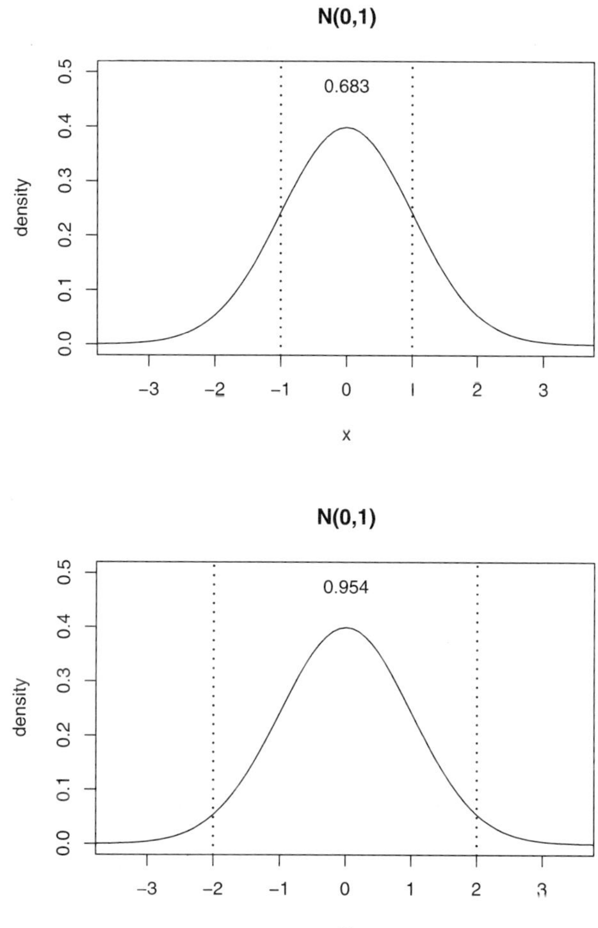

그림 4: 정규분포 $N(\mu, \sigma)$의 확률밀도함수, $\mu = 0, \sigma = 1$인 경우

이 곡선형 확률밀도함수, 즉 정규분포(normal distribution) $N(\mu, \sigma)$의 특성은 다음과 같다.

- μ(mu)는 분포의 위치(location)를 나타낸다. 분포가 μ를 중심으로 대칭이다. μ는 분포의 평균이다.
- σ(sigma)는 분포의 척도(scale)를 결정한다. σ가 크면 분포가 납작하고 σ가 작으면 분포가 뾰족하다. σ는 분포의 표준편차이다. σ^2는 분포의 분산이다.

또한

- $P\{-\sigma \le X - \mu \le \sigma\} = 0.683$, 약 68% (대략 2/3).
- $P\{-2\sigma \le X - \mu \le 2\sigma\} = 0.954$, 약 95% (=19/20).
- $P\{-3\sigma \le X - \mu \le 3\sigma\} = 0.997$, 약 99.5% (=199/200).

그 밖에, $z > 0$에 대한

$$P\{-z\sigma \le X - \mu \le z\sigma\}, \quad \text{즉} \quad P\{-z \le \tfrac{X-\mu}{\sigma} \le z\}$$

의 값은 정규분포 표로부터 읽을 수 있다 (부록의 정규분포 표 활용).

사회와 자연에서 정규분포를 따르는 사례들이 폭 넓게 발견된다. 왜 그런가? 앞의 유도과정을 넓게 해석하면, 여러 독립적인 그리고 비슷한 크기의 변동요인들의 합(合)으로 형성되는 변수들은 정규분포라는 확률적 법칙을 따르게 된다고 말할 수 있다. 20세 청소년의 키 같은 것이 그 좋은 예이다. 20세 청소년 호돌이의 키는 아버지와 어머니로부터 다양한 유전적 영향을 받았을 것이고 또한 이와 독립적으로 역시 다양한 사회적·환경적 영향을 받았을 것이기 때문이다.

그러나 이와 달리 여러 변수들은 실제로 정규분포를 따르지 않는다. 한국 프로야구 홈런 수가 그런 예이다. 여러 독립적인 그리고 비슷한 크기의 변동요인들의 합으로 형성되는 것으로 보기 어려운 변수는 정규분포를 따르지 않는다.

여러 원인에 의하여 정상적인 범위를 벗어난 특이값(特異値, outlier)이 드물지 않게 발생한다. 숫자를 잘못 기록하거나 입력하는 것이 한 원인이다. A의 월소득이 1,800,000원이라고 하자. 원래는 만원 단위로 기록하도록 되어 있으나 면접원이 착오로 천원 단위로 기록하였다면 (즉 180을 1800으로) 무려 10배로 부풀려진 자료값이 분석단계로 넘어갈 것이다. 단순한 실수외에 측정 과정이나 방법의 결함으로 특이값이 발생할 수도 있다. 어떤 경우에는 특이값이 의외로 중대한 발견의 기회가 되기도 한다. 특이값이 꼭 이상한 것은 아니다.

아무튼 자료기술 있어 특이값 문제를 다룰 필요가 있다. 어느 관측값이 특이값이라고 할 수 있을까? 다섯수치요약을 활용한 특이값 탐지법을 설명하기로 한다.

변수 X가 정규분포를 따른다면 정규분포의 특성상

$$P\{-0.675\,\sigma \le X - \mu \le 0.675\,\sigma\} = 0.5$$

가 된다. 즉

$$P\{X \le \mu - 0.675\sigma\} = 0.25, \quad P\{X \ge \mu + 0.675\sigma\} = 0.25$$

이다. 그러므로 아래 4분위수 Q1과 위 4분위수 Q3의 차이인 4분위수간 거리(IQR; inter-quartile range)는 $1.35\,\sigma$에 대한 추정치가 된다. 그러므로

$$\sigma \ \simeq \ \mathrm{IQR}/1.35,$$

$$\therefore \quad \mathrm{Q} \pm 1.5\,\mathrm{IQR} \simeq \mu \pm 0.675\sigma \pm 1.5 \times (1.35\,\sigma) = \mu \pm 2.7\sigma$$

이다. 그런데 정규분포에서

$$P\{-2.7\,\sigma \le X - \mu \le 2.7\,\sigma\} = 0.993,$$

즉 99% 이상이므로 (부록의 정규분포표 참조), 정규분포에서

$$(\mathrm{Q1} - 1.5 \cdot \mathrm{IQR}, \mathrm{Q3} + 1.5 \cdot \mathrm{IQR})$$

을 벗어나는 관측값이 발견될 가능성은 1% 미만이다. 그러므로 특이값을 위 범위를 벗어나는 관측값으로 정의한다.

표 1 자료($n = 44$)의 타율변수에 대하여 다섯수치요약을 구해보면

$$(0.0, 0.1655, 0.2535, 0.2835, 1.0)$$

이 된다. 따라서 $\mathrm{IQR} = 0.2835 - 0.1655 = 0.118$이므로 정상범위는

$$(0.1655 - 1.5 \times 0.118, 0.2835 + 1.5 \times 0.118), \quad \text{or} \quad (\ \ 0.0115, 0.4605)$$

이다. 표 1 자료의 타율변수에 대하여는 0.4605 이상의 타율이 특이점으로 선언된다. 그림 5는 특이값이 표시된 상자그림이다. 타율 1.0의 선수(=현대 지석훈 선수)가 특이점으로 탐지되었다.

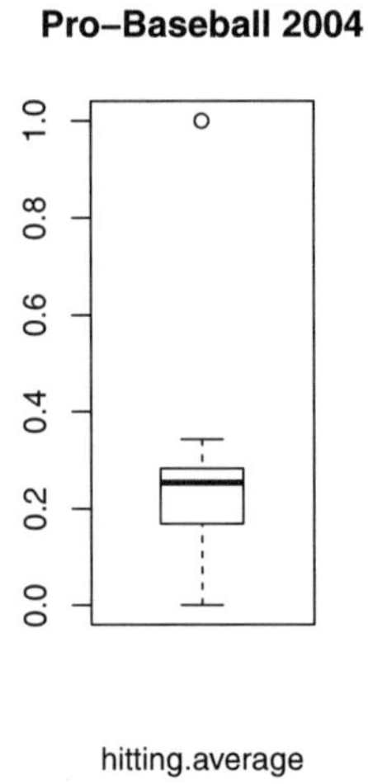

그림 5: 특이점이 표시된 상자그림 (표 1 자료의 타율변수)

특이값에 대하여는 그 원인을 탐구하여 만약 측정불량 또는 입력실수로 인하여 발생한 것이라면 후속분석에 앞서 바로 잡아야 한다. 앞의 사례에서는 타수가 작은 경우 타율이 신뢰성 있게 산출할 수 없기 때문에 일정 타수 이상이여야만 유효한 자료로 받아들이는 선별 작업이 요구된다.

4. 두 집단의 비교

통계자료의 분석에는 흔히 여러 집단의 비교가 포함된다. 예컨대 표 2의 자료에서 타율을 전체 집단에서만 볼 것이 아니라 팀별로 보는 것도 의미 있는 일이다. 이것을 위해서 팀별 다섯수치요약을 구해보자.

다음에서 보듯이 삼성이 현대에 비해 중간값이 크지만 Q1과 Q3에서는 삼성이 현대보다 작다. 이런 복잡한 사항을 한 눈에 보려면 팀별로 상자그림을 그려서 병렬로 놓고 비교해보는 것이 좋다. 그림 6의 상자그림을 보라.

	크기 n	최소값	Q1	중간값	Q3	최대값	IQR
삼성 :	20	0.103	0.1685	0.2645	0.2810	0.315	0.1125
현대 :	18	0.125	0.2015	0.2605	0.2875	0.343	0.0860

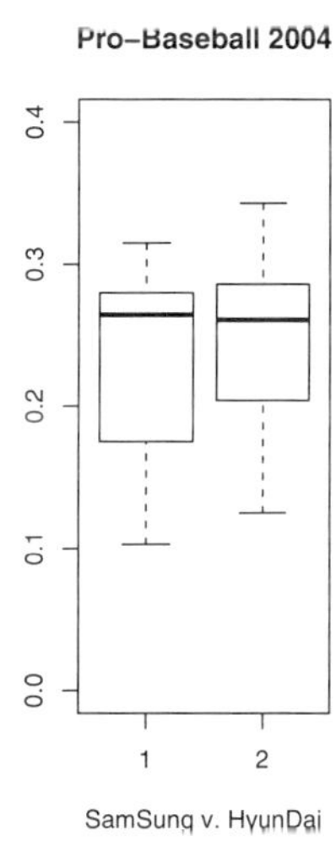

그림 6: 타율의 팀 간 비교를 위한 상자그림

5. 산점도와 상관계수

이제까지는 일변량 자료의 기술에 대하여 설명하였다. 그러면 이변량 자료에 대하여는 어떤 방법이 있는가? 물론 각 변량에 대하여는 일변량 자료기술 기법을 적용하면 된다. 그러나 이변량 자료에서는 독특하게 변수(변량) 간 관계도 관심이므로 이에 대해 적절한 처리가 필요하다. 예를 들어 표 2에서 프로야구 선수들의 출루율 X와 타수 Y 사이에 어떤 관계가 있는가를 보자.

이변량 자료에서 각 변량이 연속형인 경우 가장 좋은 그래프적 자료기술 기법은 한 축에 X를, 다른 한 축에 Y를 잡고 자료점을 플롯한 산점도(散點圖, scatter plot)이다. 그림 7을 보라.

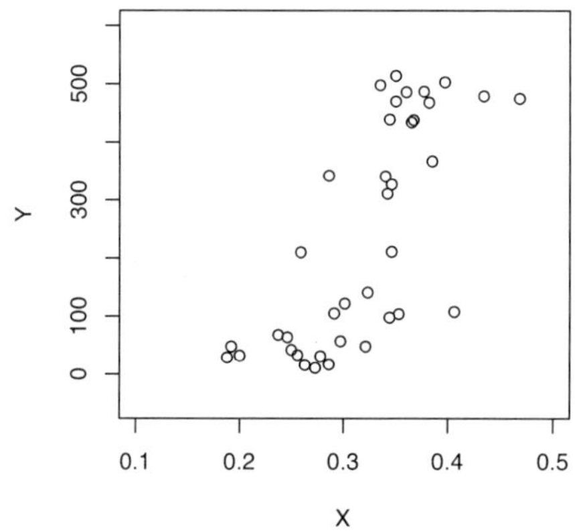

그림 7: 출루율(X)과 타수(Y) 간 산점도

그림 7의 산점도에서 출루율이 높으면 타수가 큰 경향이 있음을 볼 수 있다. 그러나 그런 경향이 선형적이라기 보다는 비스듬한 S자 형으로 나타나 있다. 이것은 타수의 하한이 0이고 상한도 어느 정도 있기 때문일 것이다 (2004년 시즌의 경우 팀당 133 경기가 있었으므로 게임 당 타수를 4로 치면 최대 타수는 532(=133×4) 정도가 된다). 대체로 출루율이 0.33 이상이면 타수가 300 이상이 되고 출루율이 0.33에 못 미치면 타수가 300보다 적다.

상관계수(相關係數, correlation coefficient)는 2개의 변수 간 연관성을 정량화할 목적으로 사용되는 통계이다. 그 중 가장 대표적인 것이 피어슨 상관계수로서 선형적 연관성을 정량화한다.

- X와 Y 사이의 **피어슨 상관계수**(Pearson's correlation coefficient)

$$r = \frac{\sum_{i=1}^{n}(x_i - \bar{x})(y_i - \bar{y})}{\sqrt{\sum_{i=1}^{n}(x_i - \bar{x})^2} \cdot \sqrt{\sum_{i=1}^{n}(y_i - \bar{y})^2}},$$

여기서 (x_i, y_i)는 개체 i에서 X와 Y가 취하는 자료값이다 $(i = 1, \cdots, n)$. $-1 \leq r \leq 1$.

두 변수 X와 Y가 기울기가 양인 완전한 선형적 관계에 있을 때 r이 1이 되고, 반면 두 변수가 기울기가 음인 완전한 선형적 관계에 있을 때 r은 -1이 된다. r이 0이면 두 변수 간 선형적 연관성이 없음을 나타낸다. 표 2의 자료에서 출루율 X와 타수 Y 간 피어슨 상관계수는 $r = 0.732$로 산출된다.

피어슨 상관계수는 두 변수가 완벽한 단조적 대응관계에 있다고 하더라도 그 관계가 선형적이 아니면 r이 1이거나 -1일 수 없다. 예컨대

$$\{(x, y) : \ y = x^3, \ x = -10, \cdots, -1, 0, 1, \cdots, 10\}$$

에 대한 피어슨 상관계수는 0.918이다. 이렇게 피어슨 상관계수가 한계를 갖는 경우, 즉 비선형적 단조적 관계의 정량화가 요구되는 경우에는 피어슨 상관계수 대신 스피어만 상관계수를 활용한다.

- **스피어만 상관계수**(Spearman's correlation coefficient)

$$r_S = \frac{\sum_{i=1}^{n}(s_i - \bar{s})(t_i - \bar{t})}{\sqrt{\sum_{i=1}^{n}(s_i - \bar{s})^2} \cdot \sqrt{\sum_{i=1}^{n}(t_i - \bar{t})^2}},$$

여기서 s_i는 $x_1, \cdots, x_n$ 중에서 x_i에 부여된 순위(rank)이고 t_i는 $y_1, \cdots, y_n$ 중에서 y_i에 부여된 순위이다.

두 변수 X와 Y가 완전한 단조증가적 관계에 있으면 r_S가 1이고, 두 변수가 완전한 단조감소적 관계에 있으면 r_S는 -1이다. 표 2의 자료에서 출루율 X와 타수 Y간 스피어만 상관계수는 $r_S = 0.765$로 산출된다.

6. 교차표

통계자료가 범주형 변수로 구성된 경우는 표의 형태로 자료를 정리함으로써 한 눈에 자료에 내재된 정보를 볼 수 있다. 예컨대 표 3과 같은 경우인데 이 표는 조기교육의 효과를 평가하기 위하여 시행된 교육학 연구 결과를 요약하여 보여준다. 그 연구에서는 총 491명의 아동들이 조기교육(Head Start) 프로그램과 대조(control) 프로그램으로 구분되어 각각 일정한 처리를 받았고 결과를 합격(pass)/불합격(fail)으로 판정하였다. 결과적으로 대조 그룹의 합격률을 26%, 조기교육 프로그램의 합격률은 36%로 10%P 차이가 나타났다. 이런 표를 **2원 교차표**(two-way cross-tabulation; 교차분류표, cross-classified table)라고 한다.

표 4는 버클리 대학교(University of California, Berkeley) 대학원 입학 자료로서 성별 대학원 합격률의 차이를 잘 보여준다. 버클리 대학교의 1973년 대학원 입학에서 남학생 2,691명의 합격률이 52%로 나온 반면 여학생 772명의 합격률은 42%로 10%P나 차이가 났다 (미국 대학교에서는 학부 성적, GRE라고 하는 대학원 수학능력시험 성적, 학업계획서, 교수추천서 등을 기초로 지원생의 자질을 주관적으로 평가하여 대학원 합격여부가 결정된다). 이 때문에 버클리 대학교는 여성 운동가들로부터 맹렬한 비난을 받았다.

이와 같이 2원 교차표는 두 범주형 변수 사이의 관계를 명백하게 보여준다. 그러나 그것을 해석하는 데는 섬세한 주의가 필요한데 앞의 두 사례에 비추어 그 이유를 설명하기로 하겠다.

표 3: 조기 교육의 효과: 2원 교차표

	불합격	합격	합계
대조	288 (74%)	99 (26%)	387 (100%)
조기교육	67 (64%)	37 (36%)	104 (100%)
합계	355 (72%)	136 (28%)	491 (100%)

표 4: 버클리 대학원의 남녀별 합격률

	합격	불합격	합계
남학생	1400 (52%)	1291 (48%)	2691 (100%)
여학생	772 (42%)	1063 (58%)	1835 (100%)
전체	2172 (48%)	2354 (52%)	4526 (100%)

표 5: 조기 교육의 효과: 교육수준별 2원 교차표

교육=下	불합격	합격	합계
대조	119 (79%)	31 (21%)	150 (100%)
조기교육	16 (94%)	1 (06%)	17 (100%)
합계	135 (81%)	32 (19%)	167 (100%)

교육=中	불합격	합격	합계
대조	83 (75%)	27 (25%)	110 (100%)
조기교육	23 (64%)	13 (36%)	36 (100%)
합계	106 (73%)	40 (27%)	146 (100%)

교육=上	불합격	합격	합계
대조	86 (68%)	41 (32%)	127 (100%)
조기교육	28 (55%)	23 (45%)	51 (100%)
합계	114 (64%)	64 (36%)	178 (100%)

표 3의 조기교육 연구에서는 대상 아동들을 조기교육(Head Start) 프로그램과 대조(control) 프로그램으로 나누는 프로그램의 배치가 연구자의 제어 하에 있지 못하였다. 다시 말하여 아동들의 부모가 자발적으로 조기교육 프로그램을 원하는 경우 적용되었고 그 밖의 경우엔 아동들이 대조 프로그램으로 배치되었다. 이런 상황에서는 제 3의 변수가 두 변수간 연관 관계에 개입하여 통계적 추론에 심각한 영향을 줄 수 있다. 이 사례에서 그런 변수로 짐작된 것이 가장(家長)의 교육정도인데, 가장의 교육 수준이 프로그램 선택에 영향을 주고 동시에 아동의 학업능력(합격여부)에 영향을 미칠 수 있지 않을까?

표 5는 이것을 확인하고자 재작성된 통계표이다. 여기서 가장의 교육 수준은 교육년수에 따라 9년 이하, 10년–11년, 12년 이상의 3개 수준을 갖는다. 이 교차표는 가장의 교육수준이 '중·상'인 경우 조기교육 그룹이 대조 그룹에 비하여 11-13% 포인트 높은 합격률을 보인다. 그러나 가장의 교육수준이 '하'인 경우에는 조기교육 그룹의 합격률이 오히려 적게 나온다. 따라서 가장의 교육수준이 낮을 것으로 짐작되는 저소득층에 대하여는 조기교육 프로그램의 실시가 아동의 취학전 지적 발달에 별 효과가 없다는 결론을 얻을 수 있다. 표 3의 단순한 2원 교차표에서 드러나지 않았던 사항이다.

다음으로 버클리 대학원 입학 사례를 보자. 버클리 대학교는 그러나 성 차별 비난에 대응하여 표 6을 제시하였는데 이 교차표는 분야별로 세분된 남녀별 합격 현황

표 6: 버클리 대학원의 남녀별·분야별 합격률

남학생	합격	불합격	합계
A	512 (61%)	313 (39%)	825 (100%)
B	353 (63%)	207 (37%)	560 (100%)
C	120 (37%)	205 (63%)	325 (100%)
D	138 (33%)	279 (67%)	417 (100%)
E	53 (28%)	138 (72%)	191 (100%)
F	224 (60%)	149 (40%)	373 (100%)
합계	1400 (52%)	1291 (48%)	2691 (100%)

여학생	합격	불합격	합계
A	89 (82%)	19 (18%)	108 (100%)
B	17 (68%)	8 (32%)	25 (100%)
C	202 (34%)	391 (66%)	593 (100%)
D	131 (35%)	244 (65%)	375 (100%)
E	94 (24%)	299 (76%)	393 (100%)
F	239 (70%)	102 (30%)	341 (100%)
합계	772 (42%)	1063 (58%)	1835 (100%)

을 보여준다. 자료를 세분해서 본 결과, 6개 분야 중 3개 분야(A, B, F)에서 성별 합격률이 5% 포인트 이상 차이가 났음을 볼 수 있는데 이 분야들에서 모두 여학생의 합격률이 높았던 것으로 드러났다. 즉 불이익을 받은 쪽이 여학생이 아니라 남학생이라는 사실을 보여주었기 때문에 사람들이 어리둥절하게 되었다. 이와 같이 총괄적인 교차표가 보이는 사실을 세분화된 교차표가 뒤집어 놓는 것을 **심프슨의 패러독스**(Simpson's paradox)라고 한다. 패러독스는 우리 말로 역설(逆說), 즉 설(說)을 뒤집다는 뜻인데, 왜 이 예에서 '여성차별설'이 뒤집어졌을까?

표 6을 잘 관찰해보면 남학생들이 많이 지원한 두 분야가 A와 B인데 이들 분야는 여학생들이 가장 적게 지원한 두 분야이기도 하다. 그런데 분야 A, B, F가 합격률 60%대로 높은 편이기 때문에 남학생의 전체 합격률이 높은 반면 여학생의 전체 합격률은 낮게 잡히는 것이다. 즉 전공선택에 있어 남녀별로 성향의 차이가 있었던 것이지 입학허가에 있어 여성 차별이 있었던 것은 아님을 알 수 있다. 이 예가 여권운동자들을 낙담시켰을지 모르겠다.

심프슨의 패러독스는 2원 교차표에 전적으로 의존하는 것이 잘못된 자료해석을 초래할 수 있음을 우리에게 경고한다. 어느 한 변수(예: 합격여부)에 관심을 둘 때,

이에 영향을 줄 수 있는 제 변수(예: 성과 분야)를 동시에 고려해야 할 필요가 있음을 강조해 말하고 싶다.

우리 주변에는 이와 같은 경우가 많이 있다. 예컨대 정치여론조사를 들 수 있겠다. 20세 이상 성인들의 보수–진보 성향에 관하여 조사하였다고 하자. 우리사회에서는 나이가 작을수록 학력수준이 높고 나이가 많을수록 학력수준이 낮은 경향이 있다. 각 나이 대에서 학력수준과 보수–진보성이 무관하더라도, 이에 불구하고 학력수준과 보수–진보성의 2원 교차표에서는 두 변인이 관련이 있는 것으로 나타날 수 있다. (어떤 경우에 그럴까?)

이 절의 결론은 어떤 교차표를 작성할 것인가에 대해 충분히 심사숙고해야 한다는 것이다. 2원 교차표는 단순한 사실만 보여주는 경우가 있다.

7. 측정

이제까지 주어진 자료에 대한 기술(description) 방법을 다루었다. 그런데 자료가 어떻게 얻어졌는가를 고려하지 않고 자료기술을 한다면 아무 의미가 없다. 어떤 자료기술에서든지 측정은 항상 이슈가 된다. 무엇을 어떻게 측정하여 자료 값을 얻었는가를 자료기술에 앞서 면밀하게 검토해야 한다. 한 예를 보자. 정부 통계에 있어서 가장 관심이 되는 것은 소비자물가지수와 실업률인데 한 나라의 경제 흐름을 읽는 주요지표이면서 일반인의 삶과 직접 관련이 있기 때문이다. 다음은 실업률에 대한 논의이다.

예 7.1 2003년 3월부터 2004년 2월까지의 1년간 우리나라 실업률은 3.2%, 3.3%, 3.4%, 3.5%, 3.5%, 3.5%, 3.5%, 3.6%, 3.6%, 3.5%, 3.3%, 3.3%였다. 당시는 상당한 불황기였음에도 불구하고 높지 않았던 것이다. 정부가 실업률을 축소하는 것일까? 의심하자면 끝이 없지만 이에 앞서 정부가 실업률을 어떻게 정의하는가를 정확히 알아볼 필요가 있다. 다음은 통계청 홈페이지에서 찾은 것이다.

- 실업률(unemployment rate): 실업자가 경제활동인구(취업자+실업자)에서 차지하는 비율을 말한다. 즉

$$실업률 = 실업자\ 수\ /\ 경제활동인구 \times 100.$$

그러면 다시 실업자와 경제활동인구를 어떻게 정의하는지를 살펴봐야 할 것이다. 계속 검색해보면 다음과 같이 나온다.

- 실업자(unemployed person): 15세 이상 인구중 조사대상 기간에 일할 의사와 능력을 가지고 있으면서도 전혀 일을 하지 못하였으며 일자리를 찾아 적극적으로 구직활동을 하였던 사람으로서 즉시 취업이 가능한 사람을 말한다.

- 경제활동인구(economically active population): 만 15세 이상 인구 중 조사대상 기간 동안 상품이나 서비스를 생산하기 위하여 실제로 수입이 있는 일을 한 취업자와 일을 하지 않았으나 구직활동을 한 실업자를 말한다.

그러니까 일자리를 구하다가 계속 되지 않아서 포기 상태에 있는 소위 실망 실업자를 정부는 실업자로 간주하지 않는다. 또한 마땅한 일자리가 없어서 대학 졸업이후 학교 도서관에 눌러 앉아서 토익 공부나 하면서 다음 취업 시즌을 기다리는 취업 재수생도 마찬가지로 실업자가 아니다. 대신 그들을 비경제활동인구로 간주한다.

그렇지만 '상식적으로' 그 사람은 실업 상태에 있다. 바로 이런 데에서 일반인이 생각하는 실업과 정부가 정의하는 실업이 다르다. 그렇다면 정부는 왜 그런 이상한 정

의를 고수하는가? 외형적인 이유는 그것이 국제적인 표준이기 때문이다. 그렇다면 국제적인 표준이 왜 그러하냐고? 실망 실업은 정말 일을 할 의사가 있는지 모호한 경우가 많기 때문이고 취업 대기생은 인적 가치를 높이기 위하여 교육 재투자를 하는 중인 사람으로 간주할 수 있기 때문이다. 그럼에도 불구하도 우리나라 뿐 아니라 다른 나라에서도 일반인들은 이러한 실업의 정의에 대해 의아해한다.

측정을 하려면 그 개념부터 명확히 해야 함을 물론이다. 예 7.1의 경우 실업에 대한 개념은 명확하지만 현실의 장에 들어가면 어떻게 하는 것이 옳은지 막연해지는 경우가 많다. 그래서 운영정의(operational definition, 조작적 정의)라는 일종의 규정으로 일정한 개념을 구체화한다.

그러나 이에 따라 다른 문제가 생긴다. 이 개념에 대한 운영정의가 재려던 것을 제대로 재고 있는가 하는 의문이다. 예 7.1이 바로 그렇다. 많은 사람들이 명백히 실업자라고 생각하는 사람을 정부가 실업자로 간주하지 않는 것이다. 이와 같은 관점을 측정의 **타당성**(妥當性, validity)이라고 한다. 다시 말하여, 타당한 측정이란 일정 개념의 운영정의가 목표한 개념을 제대로 나타내고 있는 경우를 말한다.

측정의 타당성에 대한 논란에서 빠지지 않고 나오는 것이 지능지수(IQ, intelligence quotient)와 대학수학능력시험이다. 지능지수 검사지로 재어지는 것이 과연 지적 능력에 대한 측정이냐, 대학수학능력시험의 점수가 과연 대학에서의 수학(修學) 능력을 재느냐는 것이다.

한 개념에 대한 측정이 타당성을 갖춘다고 하더라도 그것이 믿을만하게 산출된 것이냐는 별개의 문제이다. IQ 검사지가 ‘지능지수’를 제대로 측정할 수 있게 되어 있다 하더라도 검사할 때마다 다른 수치를 보인다면 그 검사지는 믿음직스럽지 못한 것이다. 측정값의 변동이 작은 경우 측정의 **신뢰성**(reliability)이 확보되어 있다고 하고 그렇지 않은 경우 측정의 신뢰성이 낮다고 말한다. 다시 말하여, 신뢰로운 측정이란 측정값들의 변동이 작음을 뜻한다. 예컨대 수학능력시험에 대한 세 차례의 모의고사가 있는데 시험점수간 상관성이 상당히 높다고 하자. 그러면 이것은 수능의 신뢰성이 높음을 뜻한다. 그러나 세 차례 모의고사 시험점수간 상관성이 낮다면 수능의 신뢰도가 낮음을 뜻한다

생각해볼 문제:

1) 우리나라에서 소비자물가지수는 어떻게 정의되고 측정되는가?

연습문제

한국프로농구 KBL의 2010-2011년 정규시즌 기록(파일명: 'KBL정규시즌 2010-2011.xls')에서, 승리 팀 득점과 패배 팀 득점의 차이에 대해 기술하라.

1. [첫 54개 경기에 대하여] 득점 차이(= 승리 팀 득점 - 패배 팀 득점)의 분포를 줄기그림으로 살펴보라.

   * 줄기 폭을 적당하게 잡을 것, 연필로 작성할 것.

2. [첫 54개 경기에 대하여] 앞의 줄기그림을 기초로 수작업으로 득점 차이에 대한 다섯수치요약을 구하라. 승부는 대체로 몇 점 차이로 결정되는가?

3. [전체 270개 경기에 대하여] 엑셀을 활용하여 득점 차이(= 승리 팀 득점 - 패배 팀 득점)에 대한 다섯수치요약과 평균, 표준편차를 구하라. 승부는 대체로 몇 점 차이로 결정되는가?

4. [전체 270개 경기에 대하여] 엑셀을 활용하여 홈 팀 득점(=A)과 방문 팀 득점(=B)과의 차이(=A-B)에 대한 다섯수치요약과 평균, 표준편차를 구하라. 홈 팀이 어느 정도 유리한 경향이 있는가?

5. [전체 270개 경기에 대하여] 엑셀을 활용하여 홈 팀 득점과 방문 팀 득점 간 산점도를 그리고 상관계수를 구하라. 두 팀의 득점 간 상관이 존재하는 이유는 무엇인가?

5장. 통계적 추론 1: 수리적 방법

STATISTICAL INFERENCE I: MATHEMATICAL METHODS

관측 자료로부터 어떻게 일반적인 사실을 유도해낼 것인가? 자명한 경우도 있지만 직관만으로는 곤란한 경우도 있다.

비타민 C가 감기를 예방하는 데 효과가 있는지를 보기 위해 실시된 실험을 보자. 대조집단과 처리집단(비타민 C 투여그룹)에 각각 400명의 피험자(subjects)가 있는데 이중 감기에 걸리지 않은 사람의 비율이 각각 18%와 72%로 그 차이가 엄청나다면 결론은 명백하다. 그러나 캐나다의 실제 실험에서는 그 비율이 각각 18%와 26%로 차이가 그다지 크지 않았다. 이런 경우 우리는 분명히 판단하기 어렵기 때문에 어떤 체계적 논리가 필요하게 된다.

경험적 사실인 데이터로부터 일반적인 결론을 끌어내는 귀납적 논리를 통계적 추론(統計的 推論, statistical inference)이라고 한다. 경험적 학문(empirical sciences)에서 결론을 끌어내는 과정은 수학에서와 다르다. 수학에서는 알려진 공리로부터 그것에 내포된 사실들을 유도하는 연역적 방법이 사용된다. 반면 경험적 학문에서는 관측된 사실들을 바탕으로 그것을 생성해낸 미지의 메커니즘을 알아내고자 한다.

비타민 C가 감기예방에 효과가 있다면 비타민 C를 투여한 집단의 감기 비감염률이 대조집단의 감기 비감염률보다 크게 나타날 가능성이 높다. 이것은 가설에서 출발하여 어떤 사실을 이끌어 낸 것으로 연역적 논리(deductive logic)이다.

한편, 실제 관측에서 비타민 C를 투여한 집단의 감기 비감염률이 대조집단의 감기 비감염률보다 크게 나온 경우, 우리는 비타민 C가 감기예방에 효과가 있다는 추측을 한다. 이것은 경험적 사실로부터 잠정적인 가설을 만들어낸 것으로 이런 방식은 귀납적 논리(inductive logic)이다. 귀납적 논리로는 증명이 가능하지는 않지만 합리적이고 현실적인 추리를 할 수 있다. 통계적 추론은 귀납적 논리의 하나이다.

1. 신뢰구간

통계적 추론은 확률법칙에 논리적 바탕을 두고 있다. 통계적 추론에 대하여 설명하기 전에 다음 용어들을 정의하기로 한다.

- **모수**(母數, parameter)는 모집단의 특성치를 말한다. 예를 들어 우리나라 성인 전체(모집단)에서 흡연자의 비율 p는 모수이다. 추론 문제에서 모수는 고정된 미지의 상수이다.
- **통계값**(statistic)은 표본의 특성치를 말한다. 예를 들어 표본으로 뽑힌 사람들 중에서 흡연자의 비율 $\hat{p}$은 통계값이다. 통계값(통계치, 統計値)은 표본마다 다를 수 있다. 우리는 관측된 통계값으로부터 모수에 대한 정보를 얻는다.

우리는 2장에서 신뢰문을 다룬 바 있다. 이제 그 주제로 돌아갈 것이다.

예 1.1 국회의원 후보 A는 자신과 경쟁자 1인이 경합한 한 달 후의 선거에서 자기를 지지해줄 유권자의 비율을 미리 알고자 한다. 이때 모집단(유권자 전체)에서의 지지율 p는 모수이다. p에 관한 정보를 얻기 위하여 1,000명을 임의로 뽑아 조사하였더니 570명이 자기를 지지하는 것으로 나타났다. 즉 표본비율 $\hat{p} = 0.57$이다. $\hat{p}$이 0.5를 넘었으므로, 이제 후보 A의 당선은 확실하다고 할 수 있는가? 아직 그렇다고 하기는 좀 이르다. 남은 한 달 동안 상황이 변할 수 있기 때문이기도 하지만, 통계적으로는 추출된 표본에 따라 $\hat{p}$이 달라지기 때문이다. 같은 모집단에서 나왔어도 어떤 표본에서는 $\hat{p}$이 0.55나 0.60일 수 있고 0.49일 수도 있다. 그렇다면 관측된 표본비율 0.57을 어떻게 해석할 것인가 하는 문제가 발생한다.

모비율 p의 집단에서 표본을 반복해서 추출함으로써 표본비율 $\hat{p}$의 분포를 얻을 수 있는데 이를 $\hat{p}$의 표본추출분포(sampling distribution)라고 한다. 우리는 표본추출분포로부터 $\hat{p}$의 구간에 대한 확률을 알 수 있다.

유권자들의 모집단에서 한 특정후보를 지지하는 모비율 p가 0.55라고 하자. 그림 1은 크기 1,000인 임의표본의 반복추출로 얻어진 $\hat{p}$의 확률분포이다. 이 분포는 일반적으로 다음과 같은 수리적 성질을 갖는다.

- $\hat{p}$은 평균이 p, 표준편차가 $\sqrt{p(1-p)/n}$인 정규분포(normal distribution)를 근사적으로 따른다. 이것은 중심극한정리(central limit theorem, CLT; 中心極限定理)에 의한 것인데 이 정리의 증명은 여기서 다루지 않는다 (어렵기 때문).
- 그림 1은 $p = 0.55$로 놓은 상태에서 $\hat{p}$을 모의 생성하여 얻은 표본추출분포이다. 분포가 대체로 종모양 분포를 취하고 있고 평균이 0.551($\simeq p$), 표준편차

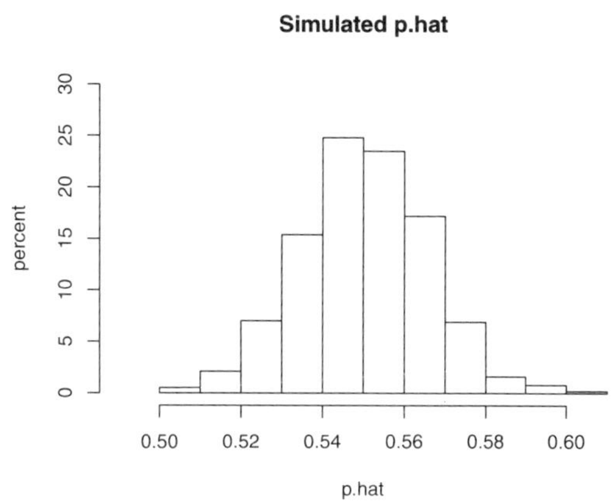

그림 1: $p = 0.6$의 모집단에서 모의생성된 $\hat{p}$의 표본추출분포 ($n = 1000$)

가 0.0157($\simeq \sqrt{p(1-p)/n}$)로 나타났는데, 이것은 중심극한정리가 작동한 것으로 볼 수 있다.

- 표본비율 $\hat{p}$의 확률분포가 갖는 표준편차, 즉 $\hat{p}$의 표준오차(standard error)인 $\sqrt{p(1-p)/n}$는 $\sqrt{\hat{p}(1-\hat{p})/n}$으로 근사된다. p가 $\hat{p}$으로 추정되기 때문이다. 여기서 n은 표본크기.

- 이에 따라 모비율 $p = 0.55$의 모집단에서 크기 $n = 1,000$의 임의표본으로부터 구한 표본비율 $\hat{p}$가 0.534와 0.566 사이의 값일 확률은 대략 0.68이다. 왜냐하면 0.534와 0.566는 모비율 0.55로부터 각각 1 표준오차(=0.016)만큼 떨어져있기 때문이다.

- 크기 1,000인 임의표본으로부터 구한 표본비율 $\hat{p}$가 0.519와 0.581 사이의 값일 확률은 대략 0.95이다. 왜냐하면 0.519와 0.581는 모비율 0.55로부터 각각 2 표준오차(=0.031) 만큼 떨어져있기 때문이다.

- 크기 1,000인 임의표본으로부터 구한 표본비율 $\hat{p}$가 0.503과 0.597 사이의 값일 확률은 대략 0.997이다. 왜냐하면 0.503과 0.597은 모비율 0.55로부터 각각 3 표준오차(=0.047) 만큼 떨어져있기 때문이다.

표본비율 $\hat{p}$이 모비율 p로부터 0.031 이내에 있을 확률이 0.95라는 것은 표본을 반복하여 추출할 때 반복추출 건의 95%에서는 표본비율이 모비율로부터 0.031 이내의 값을 가진다는 의미이다. 후보 A가 얻은 표본비율이 $\hat{p} = 0.57$인 경우, 이로부

터 2 표준오차만큼 떨어진 두 값을 계산하면

$$0.57 - 2 \cdot 0.0157 = 0.539, \quad 0.57 + 2 \cdot 0.0157 = 0.601$$

이다. 따라서 모비율 p가 미지이기는 하나 0.539와 0.601 사이의 값일 것으로 짐작할 수 있다. 수식으로 표현하자면

$$0.539 \leq p \leq 0.601$$

이지만 100% 확실한 것은 아니다.

통계학에서는 표본을 무한히 반복하여 추출할 때 이와 같은 방법으로 계산되는 구간들이 모수를 포함할 확률에 특별한 의미를 부여한다. 즉, 1회의 표본추출로부터 얻어진 모수에 관한 구간에 확률적 의미를 부여할 수는 없지만, 가령 $N = 100$회의 표본추출로부터 얻어진 100개의 구간들의 일부는 모수를 실제로 포함할 것이다. N이 무한히 커짐에 따라 모수를 포함하는 구간들의 비율은 일정값에 수렴해가게 되는데 그 일정값을 **신뢰수준**(confidence level)이라고 한다. 그리고 그런 구간들을 **신뢰구간**(confidence interval)이라고 한다.

표 1은 그림 1에서 모의생성한 표본자료에서 산출한 신뢰수준 95%의 구간들이 실제 모비율 $p\,(=0.55)$를 포함하는가를 확인하여 보여준다. 지면의 제약상 처음 10개의 신뢰구간들만 제시되었다. 처음 3개의 구간들은 모두 하한과 상한 사이에 $0.55(=p)$를 포함하고 있다. 그러나 구간 4는 하한이 0.55보다 크므로 p를 담아내는 데 실패했다. 이와 같은 확인 작업을 1,000개 구간 모두에 대하여 반복하면 실제로 모수를 포함하는 구간들의 비율이 95%에 가깝게 된다. 신뢰구간이라는 통계적 추론법을 일반적으로 기술하면 다음과 같다.

- 임의추출된 표본이나 임의화로 실행된 실험자료에서 구한 통계값(통계량)은 어떤 확률분포를 따르게 되는데 그 확률분포를 표본추출분포라고 한다.

- 이 표본추출분포는 모수에 따라 다른 모습을 취한다. 따라서 표본에서 관측되는 통계값은 모집단에 대한 정보를 갖게 된다.

- 표본추출분포로부터 모수에 관한 어떤 구간을 구할 수 있다. 이러한 구간이 모수를 포함할 확률은 표본을 독립적으로 반복 추출할 때 이러한 구간들이 모수를 포함하는 사건의 확률을 **신뢰수준**(confidence level)이라 하고 이러한 구간을 **신뢰구간**(confidence interval)이라고 한다.

마지막으로 신뢰구간에 대해 몇 가지 유의할 점을 지적하고자 한다. 신뢰수준을 높이는 데는 그만한 반대급부가 요구된다. 앞에서 예로 든 국회의원 후보의 지지율

표 1: 모비율 $p\,(=0.55)$에 대한 95% 신뢰구간들, 10개 구간의 예

	신뢰구간			
구간번호	하한	중앙	상한	모수포함
1	0.533	0.564	0.595	T
2	0.492	0.524	0.556	T
3	0.534	0.565	0.596	T
4	0.552	0.583	0.614	F
5	0.534	0.565	0.596	T
6	0.508	0.540	0.572	T
7	0.532	0.563	0.594	T
8	0.529	0.560	0.591	T
9	0.556	0.587	0.618	F
10	0.506	0.538	0.570	T

에 대한 99.7% 신뢰구간은 $p = \hat{p} \pm 0.047$이다. 95% 신뢰구간 $p = \hat{p} \pm 0.031$과 비교하면 신뢰수준과 신뢰구간의 길이는 서로 반대방향으로 작용한다는 것을 알 수 있다. 즉, 더 큰 오차한계를 감수해야 신뢰수준이 높아진다. 신뢰수준도 높이고 신뢰구간의 길이도 짧게 하려면 더 큰 표본을 뽑는 수밖에 없다. 표본의 크기가 커질수록 통계값의 정밀도(精密度)가 높아지며 이는 주어진 신뢰수준에서 표본의 크기가 커질수록 신뢰구간의 길이가 짧아짐을 의미한다. 정리하면 다음과 같다.

모비율에 대한 신뢰구간

모비율(population proportion) p에 대한 신뢰구간은 표본비율 $\hat{p}$의 확률분포를 활용하여 다음과 같이 구한다.

- 모비율 p인 모집단으로부터 크기 n의 임의표본을 추출하는 경우 표본비율 $\hat{p}$은 평균이 p, 표준편차가 $\sqrt{p\,(1-p)/n}$인 정규분포를 근사적으로 따르다.

- 이런 사실에 의하여 p에 대한 95% 신뢰구간이 다음과 같이 유도된다:

$$p = \hat{p} \pm 2\sqrt{\hat{p}\,(1-\hat{p})/n}.$$

p에 대한 95% 신뢰구간에서 $2\sqrt{\hat{p}\,(1-\hat{p})/n}$를 오차한계라고 한다. 이 값의 최대값은 $1/\sqrt{n}$이며 이를 최대오차한계라고 한다.

p에 대한 95% 신뢰구간에서 최대오차한계 $1/\sqrt{n}$을 δ 이하로 통제하려면 표본크기 n을 $1/\delta^2$ 이상으로 해야 한다 ($1/\sqrt{n} \le \delta \;\Rightarrow\; n \ge 1/\delta^2$). 예컨대, 최

대오차한계를 0.025, 즉 2.5%P 이하로 하려면 표본크기 n을 1,600 이상으로 해야 한다. 그러나 최대오차한계를 0.05, 즉 5.0%P로 하고자 한다면 표본크기 n이 400 이상이면 된다.

모평균 μ에 대한 신뢰구간

모평균(population means) μ에 대한 신뢰구간은 표본평균 $\bar{x}$의 확률분포를 활용하여 다음과 같이 구한다.

- 모평균이 μ 이고 표준편차가 σ인 모집단으로부터 임의표본을 추출하였을 때 얻어지는 표본평균 $\bar{X}$는 표본크기 n 이 충분히 크면 평균이 μ이고 표준편차가 $\sigma/\sqrt{n}$인 정규분포를 근사적으로 따른다. 이것도 앞에 나온 중심극한정리의 한 결과이다.
- 이 결과를 이용하여 다음과 같은 μ 에 대한 95% 신뢰구간이 유도된다.

$$\mu = \bar{x} \pm 2\,\sigma/\sqrt{n}.$$

여기서 $\bar{x}$는 관측표본의 평균이다.

대부분의 경우 모집단의 표준편차 σ에 관한 사전지식이 없으므로 신뢰구간이 현실적으로 얻어지지 않는다. 표본크기가 큰 경우(예컨대 $n \geq 30$) 미지의 σ 대신 표본 표준편차(sample standard deviation) s를 이용하여 95% 신뢰구간을 구한다:

$$\mu = \bar{x} \pm 2\,s/\sqrt{n}.$$

예 1.2 LCD 패널을 생산하는 공장에서 출하 제품의 질적 관리를 위하여 패널 100개를 임의추출하여 실제 몇 개의 결점이 있는가를 세어본 결과로 다음 자료를 얻었다고 하자. 이 회사 생산 패널 전체 평균 결점 수에 대하여 추론하여 보자.

```
5 8 6 7 8  3 2 4 7 8 6 4 4 8 8 8  6 10 6 5
6 6 6 6 4  3 7 7 5 7 4 5 6 7 4 4  4  3 5 7
7 5 8 3 9  7 3 4 6 6 8 7 4 8 5 7  9  4 4 7
8 8 7 5 4 10 7 6 6 7 8 6 6 6 0 4  5 10 4 5
7 9 8 9 5  6 3 6 3 7 1 6 9 6 8 5  2  8 5 3
```

이 표본자료에 대한 평균과 표준편차를 구해보면 $\bar{x} = 5.88, s = 2.03$이므로 모평균 μ에 대한 95% 신뢰구간은

$$\mu = \bar{x} \pm 2s/\sqrt{n} = 5.88 \pm 2 \cdot 2.03/\sqrt{100} = 5.88 \pm 0.41 = (5.47, 6.29)$$

이다. 만약 구매자가 정보 공개를 요구한다면 이 회사는 자사 LCD 패널의 평균 결점 수가 95% 신뢰수준에서 5.47개에서 6.29개 사이라고 응답해야 할 것이다.

2. 유의성 검증(검정)

앞 절에서 설명한 신뢰구간과 이 절에서 설명하려는 유의성 검증(有意性 檢證, significance testing)은 통계적 추론의 대표적인 두 유형이다. 신뢰구간이 미지의 모수를 추정하려는 데 목적이 있는 반면에 유의성 검증은 모수에 관한 가설이 타당한가를 경험적 증거에 기초하여 검토하는 데 목적이 있다.

예 2.1 캐나다의 비타민 C 실험은 이중 눈가림(double blind) 실험이었으며 대조집단의 400명에게는 위약(placebo)을, 처리집단의 400명에게는 비타민 C를 투여했다. 그 결과 처리집단에서는 26%가 감기에 걸리지 않았고 대조집단에서는 18%가 감기에 걸리지 않았다. 이제, 비타민 C가 감기를 예방하는 데 효과가 있다고 할 수 있을까?

이 절에서는 계산의 복잡성을 피하기 위하여 대조집단의 크기를 40,000으로 바꾸기로 한다. 표본의 크기가 크기 때문에 위약 그룹의 감기 비감염률 18%를 고정값으로 간주할 수 있다.

위약과 비타민 C가 감기예방 효과에 있어서 차이가 없다면 두 집단에서의 비감염률은 서로 비슷하게 나타날 것이다. 그런데 실제 실험에서 비타민 C를 투여한 처리집단의 비감염률이 높게 나타났다. 즉, 비타민 C가 위약보다 좋은 것처럼 보인다. 그러나 실제로는 효과의 차이가 없는데도 불구하고 실험 결과가 우연히 드러낸 차이일 수도 있다. 이제는 더 이상 상식만으로는 판단할 수 없는 시점에 와 있다.

이 실험에서 얻은 비타민 C 집단의 비감염률 26%는 다음 두 가지 중 하나로 해석될 수 있다.

(a) 비타민 C는 감기예방효과가 없기 때문에 26%는 우연히 나타난 큰 값이다.

(b) 비타민 C는 감기예방효과가 있기 때문에 26%는 흔히 나타나는 값이다.

물론 우리는 (a)가 옳지 않다고 확신할 수는 없다. 그렇지만 그런 우연한 결과를 얻게 될 확률이 아주 작다면 (b)로 추측하는 것이 더 합리적일 것이다. 이러한 논리가 바로 유의성 검증이라고 하는 통계적 추론법이다.

그러면, 비타민 C가 효과가 없는데도 불구하고 26% 이상의 결과가 나타날 가능성은 얼마일까? 다음에서 그 확률을 구하여보면 0.0001 이하의 값이 나온다.

아래 식에서 X는 $n = 400, p = 0.18$인 이항분포를 따르는 확률변수이고 $\hat{p} =$

X/n이다. 그리고 Z는 표준정규분포를 따르는 확률변수이다.

$$P\{\hat{p} \geq 0.26\,;\, n=400,\, p=0.18\} = P\{X \geq 104;\, n=400,\, p=0.18\}$$

$$= P\{Z \geq \frac{0.26-0.18}{\sqrt{0.18 \cdot 0.82/400}}\} = P\{Z \geq 4.16\} < 0.0001.$$

즉, 400명의 비타민 C 투여그룹에서 104명(26%) 이상이 감기에 걸리지 않을 확률은 0.0001 미만이다. 다시 말하자면, 효과 면에서 차이가 없음에도 불구하고 비타민 C 투여 그룹이 위약 그룹에 비해 8%P 이상의 차이가 발생할 확률은 상당히 작다. 그러므로 비타민 C의 감기예방효과가 위약의 감기예방효과에 비해 크다는 사실을 인정하는 것이 상식적으로 맞다.

앞의 예에서는 차이가 존재한다는 것을 보이기 위하여 잠정적으로 차이가 존재하지 않는다고 가정한 후 그 가정 하에서 어떤 확률을 계산하였다. 그러한 가정을 영가설이이라고 한다. 정리하여 말하면

> 유의성 검증에서 검증하려는 가설을 **영가설**(零假說, null hypothesis; 歸無假說(귀무가설))이라고 하는데, 흔히 이 가설은 차이가 없음 혹은 효과가 없음을 말한다. **유의성 검증**(有意性 檢證, significance testing)은 영가설에 반(反)하는 경험적 증거(empirical evidence)의 강도를 평가하는 통계적 추론법이다.

앞의 예에서 p를 비타민 C를 복용한 사람들의 감기 비감염률이라고 한다면 영가설은

$$H_0 : p = p_0$$

가 된다 (여기서 p_0은 0.18로 주어졌음). 영가설과 배치되며 연구자가 관심 혹은 심증을 갖는 가설을 대안가설(代案假說, alternative hypothesis; 對立假說(대립가설))이라고 하는데, 앞의 예에서 대안가설은

$$H_1 : p > p_0$$

이다. 이 가설은 비타민 C가 위약보다 감기예방에 효과적이라는 것을 내용으로 하고 있다.

유의성 검증은 영가설에 반하는 증거의 강도를 확률로 평가한다. 만약 영가설이 옳다는 가정 하에서 관측된 사건(자료)이 발생할 확률이 아주 작은 반면 대안가설 하에서는 상대적으로 큰 확률로 발생한다면, 이 사건은 영가설에 반(反)하여 대안가설을 지지하는 증거가 된다. 그렇다면 어떤 사건들이 영가설에 반하여 대안가설을 지지하는 증거가 될 수 있을까? 이것은 문제에 따라 다를 수 있다. 앞의 예에서는

비타민 C를 복용한 집단에서의 비감염률이 위약을 복용한 집단에서의 비감염률보다 클수록 영가설에 배치되며 대안가설을 지지하는 증거가 될 것이다. 영가설 하에서 관측된 사건 또는 이보다 더 영가설로부터 떨어진 사건이 발생할 확률이 바로 유의성 검증에서 계산되어야 할 확률 값이며 이 확률을 p-값이라고 한다. 요약하면 다음과 같다.

> 영가설이 옳다는 가정 하에서 관측된 사건 혹은 이보다 더욱 영가설에 반(反)하는 사건이 일어날 확률을 **p-값**(p-value)이라고 한다. p-값이 작을수록 관측된 사건(자료)이 영가설에 배치되는 강한 증거가 된다.

흔히 p-값을 어떤 주어진 값과 비교하여 두 값의 크기를 비교함으로써 유의성 검증을 수행한다. 이때 주어진 값을 유의수준(significance level)이라고 하며 α로 표기한다. α를 0.05로 잡았다면, H_0가 옳을 때 p-값이 5%보다 작아야 H_0에 배치되는 증거로 인정된다. 만약 α를 0.01로 잡았다면, H_0가 옳을 때 p-값이 1%보다 작아야 H_0에 배치되는 증거로 인정된다. 일반적으로, p-값이 α보다 작은 경우 "이 검증은 유의수준 에서 통계적으로 유의한 결과를 보였다"라고 말한다. 유의성 검증을 단계별로 요약하면 다음과 같다.

(a) 영가설 H_0와 대안가설 H_1을 세운다. 유의성 검증은 H_0에 배치되며 H_1을 지지하는 경험적 증거의 강약을 평가하려는 통계적 추론법이다.

(b) 유의수준 α를 정한다. 유의수준의 선택은 어느 정도의 경험적 증거를 유의하다고 판단할 것인가에 대한 기준이 된다.

(c) 검증통계량(test statistic)을 정한다. 이 통계량은 영가설 H_0와의 합치정도를 나타내는 것이어야 한다. 앞의 예에서는 두 집단 간 비감염률의 차이가 검증통계량이다.

(d) 관측된 자료에 대한 p-값을 계산한다. p-값은 관측된 사건(자료) 혹은 그 이상으로 H_0에 배치되는 사건이 H_0 하에서 발생할 확률이다.

(e) p-값이 주어진 α보다 작은 경우 관측 사건은 통계적으로 유의하며 유의수준 α에서 영가설을 기각할 수 있다. 그렇지 않은 경우 영가설을 기각할 수 없다.

평균에 대한 유의성 검증

새로 개발된 처리가 기존의 처리와 비교하여 효과적인가를 검토하는 문제에서 반응이 연속형으로 측정되는 경우를 생각하기로 하자. 이후 방법론 설명에서 개념에 집중하기 위하여 기존 처리에 대하여는 아주 잘 알고 있다고 가정하기로 한다. 그래서 새로 개발된 처리를 n개 개체에 적용하여 관측한 결과

$$\text{새 처리: 평균 } \bar{x}, \text{ 표준편차 } s, \text{ 표본크기 } n$$

을 얻었는데 기존 처리의 평균은 μ_0로 알려진 값이라고 하자.

$\bar{x} > \mu_0$로 나타났다면 새 처리가 기존 처리보다 크다고 할 수 있을까? 더 정확히 새 처리의 모집단이 평균 μ, 표준편차 σ를 갖는다고 하고 다음과 같이 영가설과 대안가설을 놓는다.

$$\text{영가설 } H_0 : \mu = \mu_0, \qquad \text{대안가설 } H_1 : \mu > \mu_0.$$

영가설 하에서는 새 처리가 기존 처리와 같은 평균을 가지므로 새 처리의 관측값들은 평균 μ_0, 표준편차 σ인 집단에서 추출된 것으로 볼 수 있다. 그런데 중심극한 정리에 따라

$$\bar{X} \sim N(\mu_0, \sigma/\sqrt{n}), \text{ 근사적으로}$$

가 될 것이다. 따라서, n이 30이상이여서 σ를 s로 대치할 수 있는 경우 다음과 같이 p-값을 구할 수 있다.

$$\text{p.value} = P\{\bar{X} \geq \bar{x}; H_0\} \simeq P\{Z \geq \frac{\bar{x} - \mu_0}{s/\sqrt{n}}; H_0\},$$

여기서

$$Z = \frac{\bar{X} - \mu_0}{\sigma/\sqrt{n}}.$$

예 2.2 LCD 패널의 새 라인에서 나온 제품과 기존의 라인에서 나온 제품을 평균 결점 수로 비교해보고자 한다. 새 라인을 설치하면 초기에는 기존 라인에 비해 여러 장비들의 예상치 못한 부조화로 많은 결점이 나타날 수 있다고 한다. 따라서 새 라인의 결점수가 기존 라인에 비해 많다는 것은 그 만큼 새 라인이 길들여지지 않았음을 말한다. 이러한 문제의식을 갖고 공장 책임자는 새 라인에서 100개의 제품을 임의 추출하였다.

$$\text{새 라인 표본: 표본크기 } n = 100, \text{ 평균 } \bar{x} = 5.88, \text{ 표준편차 } s = 2.03.$$

기존 라인에 대하여는 공장의 생산관리 데이터베이스에서 수많은 과거 자료를 통해 $\mu_0 = 5.50$이라는 것을 알고 있다. 다음 가설을 검증하여 보자.

$$\text{영가설 } H_0 : \mu = \mu_0, \qquad \text{대안가설 } H_1 : \mu > \mu_0.$$

여기서 μ는 새 라인 제품의 모평균을 말한다. 이에 따라 p-값은

$$\text{p.value} \simeq P\{Z \geq \frac{\bar{x}-\mu_0}{s/\sqrt{n}}; H_0\} = P\{Z \geq \frac{5.88-5.50}{2.03/\sqrt{100}}\}$$

$$= P\{Z \geq 1.87\} = 0.031$$

로 유의수준 $\alpha = 0.05$보다 작다. 따라서 영가설을 기각하고 대안가설을 지지하는 것이 옳다. 다시 말하자면, 기존 라인보다 새 라인에서 많은 불량이 나온다고 결론 지을 수 있다.

3. 임의화응답질문의 활용

마약복용, 성생활, 혼전임신경험, 부정행위 등 민감한 잇슈에 대하여 직접 질문하는 경우 해당사항이 있는 대다수 응답자들은 조사를 회피하거나 왜곡된 답변을 한다. 직접적 질문으로는 제대로 된 통계적 정보를 얻을 수 없는 것이다.

임의화응답질문(randomized response question)은 다음과 같이 구성된다.

동전을 던져 윗면이면 Q1에 대하여 답해 주시고 아랫면이면 Q2에 대하여 답해 주세요.

Q1. 동전을 다시 한 번 던져 윗면이면 '1'로 답해 주시고 아랫면이면 '0'으로 답해 주세요.

Q2. 부정행위를 하였다면 '1'로 답해 주시고 부정행위를 하지 않았다면 '0'으로 답해 주세요.

이렇게 하면, 응답자로부터 '1'이라는 답을 얻었더라도 그가 2개의 동전이 모두 윗면이었음을 보고한 것인지 아니면 부정행위를 하였음을 보고한 것인지를 알 수 없다. 따라서 응답의 기밀성이 보장된다.

모집단에서 부정행위 경험자의 비율을 θ 라고 하자. 그러면 모집단에서 답변 '1'의 확률 p 는 θ 와 다음 관계에 있다.

$$p = (0.5)(0.5) + (0.5)\,\theta, \qquad \text{즉} \qquad \theta = 2\,p - 0.5.$$

따라서 θ 는

$$\hat{\theta} = 2\,\hat{p} - 0.5 \tag{1}$$

로 추정된다. 여기서 $\hat{p}$는 크기 n의 표본에서 답변 '1'의 비율이다.

예 3.1 앞의 임의화응답질문에 따라 1600명의 응답자 중 30%가 '1'로 응답하였다고 하자. 이 경우, $p = 0.3$이고 따라서 $\hat{\theta} = 0.1$이다.

식 (1)을 보면 $\hat{\theta}$가 $\hat{p}$의 2배 형태로 표현되므로 전자의 오차한계는 후자의 오차한계의 2배가 됨을 알 수 있다. 예컨대, $n = 1600$이면 95% 신뢰수준에서 $\hat{p}$의 최대오차한계가

$$2\,\sqrt{0.5^2/1600}, \qquad \text{즉} \qquad 2.5\%\text{P}$$

인데, $\hat{\theta}$의 최대오차한계는 이것의 2배인 즉 5%P가 된다 (신뢰수준 95%).

이것은 직접질문 방식과 동일한 오차한계를 확보하기 위해서는 임의화응답질문 방식이 4배의 비용(표본크기)을 요구함을 의미한다. 그러나 이렇게 질문하면 편향되지 않은 통계적 정보를 얻을 수 있다.

4. 맺음 말

유의성 검증은 사회과학 및 자연과학의 많은 학문분야에 적용되고 있다. 그러나 잘못 사용되는 경우가 허다하기 때문에 유의성 검증에 대한 올바른 이해를 위하여 다음 사항을 염두에 두어야 한다.

- 분별 있게 유의수준 α를 선택해야 한다. α는 통상적으로 5%로 두지만 기존 지식과 이론이 단단한 경우라면 더 작게 두어야한다 (1% 또는 더 작게).
- 통계적 유의성과 실제적 유의성을 구분해야 한다. 통계적 유의성은 p-값에 근거한 것이고 실제적 유의성이란 현실적으로 의미 있는 차이를 말한다.
- 모든 자료에 통계적 추론을 적용할 수 있는 것이 아니다. 통계적 추론이 가능하려면 관측 자료가 임의표본(random sample)에서 나와야 한다.

이 장에서 배운 것을 정리하면 다음과 같다.

- 신뢰구간과 유의성 검증은 통계적 추론의 대표적인 두 방법이다. 이 중에서 신뢰구간은 모수가 있을 듯한 범위를 확률적 맥락으로 기술한 것이다. 그리고 유의성 검증은 자료가 얼마만큼 강하게 영가설을 반(反)하는 경험적 증거인가를 평가하는 방법이다.
- 신뢰구간에 있어 신뢰수준이란 반복추출에 따라 동일하게 얻어지는 신뢰구간들이 모수를 포함하게 되는 비율의 극한값을 말한다.
- 유의성 검증에 있어 p-값이란 영가설이 옳다는 가정 하에서 관측된 사건 또는 이보다 더욱 영가설에 반(反)하는 사건이 일어날 확률을 말한다. p-값이 작을수록 관측된 사건(자료)이 영가설에 배치되는 강한 증거가 된다.

연습문제

1. 2명의 후보 A와 B가 출마한 지역에서 후보 A에 대한 지지율 p와 후보 B에 대한 지지율 $1-p$의 차이, 즉 $2p-1$에 대한 신뢰구간을 구하고자 한다. $2p-1$에 대한 95% 신뢰구간의 최대 폭이 10%P 이내가 되게 하려면 임의 표본의 크기 n을 어느 정도로 해야 하는가? (표준정규분포의 상위 2.5% 분위수를 2로 할 것)

2. 성공률이 p인 시행에서 연구계의 기본 관심은 그것을 크게 하는 방법을 찾는데 있는데, 연구자 A는 성공률 p가 0.5보다 크게 하는 방법을 찾았고 그 방법을 다수의 독립시행으로 테스트한 결과 $\hat{p}$로 0.55를 얻었으며 이것이 α 수준 5%에서 유의하였다고 발표하였다. 그렇다면 독립시행 수 n이 얼마였을까?

6장. 통계적 추론 2: 몬테칼로 방법, 상관과 회귀

STATISTICAL INFERENCE II: MONTE CARLO METHODS, CORRELATION AND REGRESSION

이 장에서는 통계적 추론의 몇 가지 경우를 임의화 이론에 근거한 몬테칼로(Monte Carlo) 방법으로 접근할 것이다. 다룰 방법은 두 독립 표본의 비교, 대응 표본에서의 비교, 상관과 회귀 등이다.

1. 두 독립 표본의 비교

현대 사회에서 과학기술의 발전의 상당부분은 비교를 통해 이루어져 왔다. 특히 특성치가 잡다한 여러 요인에 의하여 영향을 받는 생명체를 대상으로 하는 경우 통계적 비교가 필요하다. 예를 들어, 약 A와 B를 혈액 응고시간의 측면에서 비교해 볼 필요가 있다고 하자. 구체적으로, 약 A에 비하여 약 B가 혈액 응고를 촉진시킬 수 있지 않을까 생각하고 있다. 14명이 피실험자로 참여하기로 했기 때문에 이들을 임의로 순서화하여 앞의 7명을 약 A로 처리하고 뒤의 7명을 약 B로 처리하였다. 그런 다음 혈액응고시간(단위: 분)을 재었더니 다음과 같이 정리되었다.

약 A:	9.0	9.9	9.6	8.7	10.4	9.5	10.0	[평균: 9.59]
약 B:	8.8	8.4	7.9	8.7	9.1	9.6	9.9	[평균: 8.91]

기대한대로 약 A에 비하여 약 B가 평균적으로 짧은 시간을 기록하였다. 그렇다고 그런 것으로 정말 확신할 수 있을까? 같은 약을 먹더라도 개인차가 있기 때문에 피가 천천히 굳는 사람들이 우연하게도 약 A에 더 많은 수가 배당되었을 가능성도 생각해봐야 할 것이다.

이렇게 생각해보면 어떨까? 약 A와 약 B가 응고시간의 측면에서 아무 차이가 없는 것이라면 현재의 표본 자료가 보인 0.68(=9.59–8.91)분의 차이는 우연의 산물일 것이다. 14명의 피험자 중에서 임의로 7명을 뽑아 A 그룹에 배당하고 7명을 B 그룹에 배당하여 같은 약으로 처리한다고 해도 어느 정도의 차이가 날 수 있을 것이므로, 이에 준하여 관측된 차이를 평가해보자는 것이다. 즉, 영가설과 대안가설을

$$H_0 : \text{A와 B가 같다}, \qquad H_1 : \text{A보다 B가 작다}$$

로 놓는다 (여기서 같거나 작다는 것은 혈액응고시간의 측면에서 그렇다는 것을 말함). 그러면 다음과 같이 p-값을 다음과 같이 계산할 수 있을 것이다.

1) 영가설 하에서는 A 자료값과 B 자료값이 호환적이므로 14개 관측값 중에서 임의의 7개를 A 자료로, 임의의 7개 자료를 B 자료로 간주한다 (이때 한번 뽑은 것은 다시 뽑지 않는 비복원표집(非復元標集, sampling without replacement)을 해야 함).

2) A 자료의 평균 $\bar{x}_A$와 B 자료의 평균 $\bar{x}_B$를 계산하고 두 값의 차이 $\bar{x}_A - \bar{x}_B$를 기록한다. 그것을 T라고 하자.

3) 앞의 두 단계의 작업을 N번($= 1,000$번) 반복하여 T의 분포를 구한다. 이와 같은 통계량의 분포를 표본추출분포(sampling distribution)라고 한다.

4) T의 표집분포에서 $P\{T \geq 0.68\}$을 구한다 (여기서 0.68은 원래 표본 A의 평균과 B의 평균 간 차이이다). 이것이 p-값이다.

일견 이러한 검증 절차가 황당해 보이기는 해도 실제로는 그렇지도 않다. 컴퓨터만 있으면 어렵지 않게 두 표본을 합쳐서 얻는 병합표본(pooled sample)

9.0	9.9	9.6	8.7	10.4	9.5	10.0
8.8	8.4	7.9	8.7	9.1	9.6	9.9

에서 비복원추출로 임의의 7개를 쉽게 뽑을 수 있다. 예컨대

9.6 9.1 8.8 10.4 9.9 9.5 8.7

이 뽑혔다면 이것을 A 표본으로 간주하고 나머지는 B 표본으로 간주할 수 있겠다. 이렇게 하면 $\bar{x}_A= 9.43$, $\bar{x}_B= 9.07$이 되고 그 차이는 T=0.36이다. 이런 과정을 N번 반복하여 그 중 몇 번이나 검증통계량의 값이 관측된 값보다 더 크게 나왔는지를 집계하여 p-값을 계산한다는 것이 앞의 알고리즘이다. 실제로 1,000번($= N$) 반복하여 계산한 결과, 35번이 그렇게 나왔다 (결과치는 매번 약간씩 달라질 수 있다). 따라서 p-값이 3.5% 쯤이라고 할 수 있고 영가설이 5% 유의수준에서 기각된다. 다시 말하여 약 A에 비하여 약 B가 혈액응고를 빠르게 한다는 것이 결론이다.

이러한 검증 방법은 임의화 이론(randomization theory)에 의한 것으로 몬테칼로(Monte Carlo) 방법에 의존한다. 따라서 컴퓨터 없이는 생각하기 어려웠는데, 통계학 이론이 크게 발전하던 20세기 초에는 그것이 현실이었다. 그러한 상황에서 큰 도움이 되었던 수리적 방법이 “독립 표본의 비교를 위한 t 검증법”이다. 이에 대하여는 이후 통계학 전공교과로 넘기기로 한다.

2. 대응 표본에서의 비교

두 처리의 효과를 비교하기 위한 연구에서, 앞 절에서는 개체들을 처리 A 또는 처리 B 중 하나에 임의로 배당하는 방법을 썼었다. 또 하나의 방법으로, 처리전 조건이 비슷한 것끼리 2개씩 대응시켜 그것을 활용하는 것을 생각할 수 있다. 즉 대응 짝의 하나는 A로 처리하고 다른 하나는 B로 처리하여 그 차이를 보는 것인데, 이 방법을 쓰면 개체들의 처리 전 차이가 작게되므로 정교한 추론이 가능해진다.

예로서 "사회정보"의 측면에서 신문과 TV가 어떤 차이를 주는가를 연구하기로 하고 다음과 같이 연구가설을 세웠다고 하자.

H_0: 신문과 TV는 아무 차이가 없다.

H_1: 신문이 TV보다 정확한 정보를 준다.

이 연구를 위하여 18명의 대학생들을 확보하였는데, 이들 중 9명에게는 5일간 신문을 매일 1시간 읽게 하였고 (TV를 보지 못하게 하면서) 나머지 9명에게는 같은 기간 동안 TV 뉴스를 매일 1시간씩 시청하게 하였다고 하자 (신문을 읽지 못하게 하면서). 그리고 결과를 5일 동안의 사회정보에 관한 진위형 100개 문항으로 측정한다고 하자. 이런 연구에 대한 설계 방법 중 하나는

설계 1:

	↗	그룹 A:	신문	→	측정
[임의화]					
	↘	그룹 B:	TV	→	측정

이지만 또 다른 하나의 방법으로는 실험 처리 전에 지난 5일에 관한 사회정보를 간단히 측정한 후 그 성적으로 1등과 2등을 대응시켜 첫 번째 쌍을 만들고, 3등과 4등을 짝 지워 두 번째 쌍을 만들며, $\cdots$, 17등과 18등을 짝 지워 아홉 번째 쌍을 만들어 이를 활용하는 방법이 있다.

후자의 설계에서는 각 쌍에서 임의의 한 명에 A를 처리하고 다른 한 명에 B를 처리하게 되므로 자연히 두 그룹 간에 생길 수 있는 사전적인 개체간 차이가 줄어들게 된다. 이 설계를 앞과 유사하게 도식화하면 다음과 같다.

설계 2:

					↗	그룹 A:	신문	→	측정
사선측정	→	[대응작업]	→	[임의화]					
					↘	그룹 B:	TV	→	측정

통계학에서의 큰 경험적 원리는 연구설계에 차이가 있으면 결과분석 방법이 달라진다는 것이다. 이것이 무슨 이야기인지를 곧 알게 될 것이다. 설계 2에 따른 연구의 결과 다음과 같이 자료가 나왔다고 하자.

	쌍 1	2	3	4	5	6	7	8	9	
A (신문) :	86	77	70	71	81	69	75	65	54	
B (TV) :	72	84	62	76	66	68	64	66	49	
D = A–B :	14	–7	8	–5	15	1	11	–1	5	평균 4.6

우선 각 쌍에서의 차이 D = A–B (또는 B–A)를 살펴봄으로써 A와 B를 비교할 수 있을 것이다. 그 결과 양의 부호가 6개, 음의 부호가 3개 나왔으므로 A가 B에 비해 우세한 것으로 보인다. D에 관한 수치요약을 보면 평균이 4.6인 것을 알 수 있다. 이것이 A가 B보다 더 나은 증거라고 할 수 있을까?

가장 먼저 해볼 수 있는 것은 부호검증(sign test)이다. 대응 쌍에서 A가 B보다 우세할 확률을 θ라고 하면 영가설과 대안가설이 각각

$$H_0 : \theta = 1/2, \qquad H_1 : \theta > 1/2$$

로 정리된다. 앞의 자료에서 A가 B에 비해 더 나은 결과를 보인 쌍의 수가 6개이므로 p-값이

$${}_9C_6 \frac{1}{2^9} + {}_9C_7 \frac{1}{2^9} + {}_9C_8 \frac{1}{2^9} + {}_9C_9 \frac{1}{2^9} = \frac{130}{512} = 0.254$$

이므로 별로 유의하지 않다. 그러나 이 검증에서는 D 자료의 부호만 고려되었을 뿐이다. 좀 더 민감한 다른 검증법을 시도해보면 어떨까?

그 중 하나가 임의화 이론에 근거한 몬테칼로 방법이다. 이 방법에서는 영가설을 A와 B가 완전히 같다고 잡는다 (사회정보의 측면에서). 그런데도 대응 쌍 내에서 차이가 발생한 것은 한 쌍 내의 두 개체가 처리 이외 조건에서 다르기 때문이라고 본다. 예컨대 어느 쌍에서 A–B = 14 (= D)라는 차이가 발생했다면 그것이 A를 받은 개체와 B를 받은 개체 간의 처리외 조건의 차이에 기인하는 것으로 생각하는 것이다 (영가설을 전제하였기 때문에). 따라서 임의화의 과정에서 처리 A와 B의 배치가 바뀌었다면 그 쌍에서 D는 –14로 나왔을 것이다. 그렇기 때문에 영가설은

$$D = A–B : \quad \pm 14 \quad \pm 7 \quad \pm 8 \quad \pm 5 \quad \pm 15 \quad \pm 1 \quad \pm 11 \quad \pm 1 \quad \pm 5$$

의 각 자료가 동일하게 발생할 수 있었음을 뜻한다. 관측된 자료

$$D = A–B : \quad +14 \quad -7 \quad +8 \quad -5 \quad +15 \quad +1 \quad +11 \quad -1 \quad +5$$

는 그 중의 우연히 선택된 하나로 볼 수 있다. 따라서, D 자료값 평균을 검증통계량 R로 할 때, 이것의 표집분포는

$$R = \frac{1}{n}\sum_{i=1}^{n} Z_i d_i,$$

가 취하는 확률분포이다 (여기서 $d_1 = 14, d_2 = -7, \cdots, d_9 = 5$이고 $Z_1, \cdots, Z_n$은 독립적으로 +1 또는 −1을 각기 $\frac{1}{2}$의 확률로 취하는 이항형 확률변수). 따라서 몬테칼로 방법으로 p-값을 구할 수 있게 된다.

1,000번을 모의시행한 결과, p-값이 6.2%로 평가되었다 (모의시행 결과는 매번 약간의 변동을 보일 수 있음). 따라서 유의수준 5%에서 신문과 TV의 차이가 유의하다고 볼 수 없다.

임의화 검증 외에 생각할 수 있는 방법은 차이변수 D에 관하여 확률모형화하고 이에 관해 추론하는 것이다. 그 방법(대응 표본을 위한 t-검증)에 대하여도 통계학과 전공교과로 넘기기로 한다.

3. 상관의 검정

두 변수 X와 Y 사이의 상관계수를 r이라고 하자. r의 정의는 다음과 같다 (4장 5절 참조).

$$r = \frac{\sum_{i=1}^{n}(x_i - \bar{x})(y_i - \bar{y})}{\sqrt{\sum_{i=1}^{n}(x_i - \bar{x})^2} \cdot \sqrt{\sum_{i=1}^{n}(y_i - \bar{y})^2}},$$

여기서 (x_i, y_i)는 개체 i에서 X와 Y가 취하는 자료값이다 ($i = 1, \cdots, n$). X와 Y 사이의 모(母)상관계수 ρ가 0인가를 검증하여 보자.

다음 자료는 최근 결혼한 10쌍 신랑·신부의 키에 관한 데이터이다 (가상자료임). 두 변수간 상관계수는 $r = 0.519$로 나온다.

신부 X	신랑 Y
158	167
162	164
160	176
164	172
168	184
162	178
160	166
166	182
160	180
162	160

영가설을 X와 Y가 완전히 무관한 것으로 놓자. 그러면 앞에서 써봤던 임의화 이론을 다음과 같이 확대 적용할 수 있게 된다.

1) X의 n개 자료를 고정시킨 상태에서 Y의 n개 자료값을 임의로 늘어놓은 순열 자료를 만든다. 새 자료를

$$(x_1, y_1^*), \cdots, (x_n, y_n^*)$$

로 표기하기로 하자. 여기서 $(y_1^*, \cdots, y_n^*)$는 $(y_1, \cdots, y_n)$의 한 임의순열(random permutation)이다.

2) 새 자료 (X, Y^*)로부터 상관계수 $r^*(X, Y^*)$를 계산한다.

3) 앞의 두 단계를 N 번 반복하면서 $r^* \geq r$인 상대빈도를 구한다 (여기서 r은 원 자료에서의 상관계수). 이것이 바로 단측가설의 검증문제

$$H_0 : \rho = 0, \quad H_1 : \rho > 0$$

에서 상관계수 r이 갖는 p-값이다.

앞의 신랑·신부 자료에 이 알고리즘을 적용시켜 본 결과, 총 1,000회의 반복 중 65회에서 0.519보다 큰 상관계수를 얻을 수 있었다. 따라서 p-값이 6.5%로 추정된다.

4. 회귀 모형

관심이 되는 한 변수가 있을 때 그것이 갖는 변이를 보는 통계적 관점은 크게 두 가지로 구분될 수 있다. 하나는 기술적(記述的, descriptive) 관점으로 산포(散布, 퍼짐)의 크기와 형태 등을 보는 것이다. 다른 하나는 분석적(分析的, analytic) 관점으로 변이의 원인을 다른 요인과 관련시켜 보는 것이다. 예를 들어 K 대학교 2학년 학생들의 평점(GPA; grade point average)이 관심이라고 하자. GPA는 물론 각 개인마다 다르다. GPA에 대한 일변량 자료기술을 하면 자료가 어느 정도 퍼져 있는지를 파악할 수 있다. 여기서 한 걸음 더 나가서 GPA가 왜 각 개인마다 다른가를 물을 수 있다. 한 원인으로, 입학성적(EE; entrance exam)이 개인마다 다르므로 이것에 의하여 GPA의 변이가 유발되었을 가능성을 생각할 수 있다. 이것을 다음과 같은 개념도로 보자.

$$EE \longrightarrow GPA$$

그러나 사회현상이나 자연현상은 일반적으로 (아주 극단적인 예외를 제외하면) 여러 요인이 결합되어 다른 요인의 결정에 영향을 주기 때문에 앞의 개념도는 너무 단순하다. 이 예에서 생각하자면 GPA는 EE 외에도 생활태도나 전공만족도 같은 것들에 의하여도 영향을 받을 것이다. 그러나 EE 외의 기타 변수들 *Etc*가 자료화되지 못한 상태라면 그것을 기타 제 요인으로 생각할 수밖에 없다. 기타 요인들을 통계적 모형에서는 오차요인이라고 한다. 보완된 통계적 개념도는 다음과 같다.

$$\begin{array}{rc} & Etc \\ & \downarrow \\ EE \longrightarrow & GPA \end{array}$$

통계적 개념도에서 영향을 주는 변수를 X로, 오차요인을 ϵ, 이들 요인의 영향을 받는 변수를 Y로 표기하고, X를 설명변수(독립변수), Y를 반응변수(종속변수)라고 한다. 이러한 표기를 따라 Y에 대한 개념도가 다음과 같이 그려진다.

$$\begin{array}{rc} & \epsilon \\ & \downarrow \\ X \longrightarrow & Y \end{array}$$

두 변수 X와 Y 사이에서 가장 단순한 관계는 선형관계이다. 즉,

$$Y = \beta_0 + \beta_1 X + \epsilon \tag{1}$$

이다. 여기서 오차항 ϵ에 대하여는 중심이 0이면서 어느 정도 퍼져 있을 수 있고 스스로가 매우 잡다한 여러 요인들의 복합체이기 때문에

$$\epsilon \sim (0, \sigma),$$

즉, 평균이 0이고 표준편차가 σ임을 가정한다. 이 모형이 단순선형회귀(simple linear regression)인데, 여기서 회귀(回歸, regression)라는 용어는 19세기말 집단유전학의 개념일 뿐 현대의 통계적 모형론에서는 별 의미를 갖지 않는다.

모형 (1)을 실제적으로 구하기 위해서는 관측자료가 필요하다. 자료가 다음과 같이 얻어졌다고 하자.

$$(x_1, y_1), \cdots, (x_n, y_n)$$

이제 문제는 모형 식의 계수들인 β_0와 β_1을 어떻게 정할 수 있겠는가 하는 것이다. 이 문제는 통계학사에서 중요한 한 부분으로 18세기 중순부터 여러 명의 당대 천재들, 예컨대 라플라스, 가우스 등이 도전했던 문제이기도 하다. 약 50여년에 걸친 수차례 풀이법의 진전을 걸쳐 결국은 1805년 르장드르(A.M. Legendre, 1752 - 1833)에 의하여 다음과 같은 해법이 완성되었다.

모형 (1)을 각 관측자료에 대하여 표현하면

$$y_i = \beta_0 + \beta_1 x_i + \epsilon_i, \quad i = 1, \cdots, n$$

이므로 오차항이

$$\epsilon_i = y_i - \beta_0 - \beta_1 x_i, \quad i = 1, \cdots, n$$

으로 주어진다. 가급적 n개 오차의 크기를 줄여야 한다는 생각에서 최소제곱법(least squares method)은 오차제곱합

$$\sum_{i=1}^{n} \epsilon_i^2 = \sum_{i=1}^{n} (y_i - \beta_0 - \beta_1 x_i)^2 \tag{2}$$

의 최소화를 최적화의 기준으로 한다. 그런데 여기서 오차들의 합은 0인 것이 바람직할 것이다. 즉 제약조건으로

$$\sum_{i=1}^{n} (y_i - \hat{\beta}_0 - \hat{\beta}_1 x_i) = 0 \tag{3}$$

을 생각할 수 있겠다. 그러면 (3)으로부터

$$\hat{\beta}_0 = \bar{y} - \hat{\beta}_1 \bar{x}$$

이므로 (2)는

$$\sum_{i=1}^{n} (y_i - \bar{y} - \hat{\beta}_1 (x_i - \bar{x}))^2 \tag{4}$$

가 된다. (4)는 $\hat{\beta}_1$의 2차 함수인데, 이것의 최소값은

$$\hat{\beta}_1 = \frac{\sum_{i=1}^{n} (x_i - \bar{x})(y_i - \bar{y})}{\sum_{i=1}^{n} (x_i - \bar{x})^2} \tag{5}$$

에 의하여 달성된다. 따라서 적합된 선형회귀식은

$$\hat{Y} = \hat{\beta}_0 + \hat{\beta}_1 X = \bar{y} + \hat{\beta}_1 (X - \bar{x})$$

이며 Y의 개별 자료값 y_i가 선형회귀에 의하여

$$\bar{y} + \hat{\beta}_1 (x_i - \bar{x}), \quad y_i - \bar{y} - \hat{\beta}_1 (x_i - \bar{x})$$

즉, 적합값(fitted value)과 잔차(residual)로 분해됨을 볼 수 있다.

회귀계수 β_1에 대한 가설 검증 문제를 생각하여 보자. 다음과 같이 영가설과 대안가설이 설정되었다고 하자.

$$H_0 : \beta_1 = 0, \quad H_1 : \beta_1 > 0.$$

식 (5)를 세심하게 살펴보면 X와 Y 사이의 상관계수 r과 다음과 같은 관련이 있음을 알 수 있다.

$$\begin{aligned} \hat{\beta}_1 &= \frac{\sum_{i=1}^{n} (x_i - \bar{x})(y_i - \bar{y})}{\sum_{i=1}^{n} (x_i - \bar{x})^2} \\ &= \frac{\sum_{i=1}^{n} (x_i - \bar{x})(y_i - \bar{y})}{\sqrt{\sum_{i=1}^{n} (x_i - \bar{x})^2} \sqrt{\sum_{i=1}^{n} (y_i - \bar{y})^2}} \cdot \frac{\sqrt{\sum_{i=1}^{n} (y_i - \bar{y})^2}}{\sqrt{\sum_{i=1}^{n} (x_i - \bar{x})^2}} = r \cdot \frac{s_Y}{s_X}, \end{aligned}$$

여기서 s_Y와 s_X는 각각 변수 Y와 X의 표본 표준편차이다.

따라서 두 변수가 사전에 표준화 변환된 경우에는 회귀직선의 기울기 $\hat{\beta}_1$과 두 변수 간 상관계수 r과 같다. 그러므로 β_1에 대한 검정은 모상관 ρ에 대한 검정과 동치이고 앞 절에서 설명한 상관계수의 검정방법으로 회귀계수의 유의성을 검정할 수 있다.

표 1: 미니탭 나무자료

id	D*	H	Y
1	8.3	70	10.3
2	8.6	65	10.3
3	8.8	63	10.2
4	10.5	72	16.4
5	10.7	81	18.8
6	10.8	83	19.7
7	11.0	66	15.6
8	11.0	75	18.2
9	11.1	80	22.6
10	11.2	75	19.9
11	11.3	79	24.2
12	11.4	76	21.0
13	11.4	76	21.4
14	11.7	69	21.3
15	12.0	75	19.1
16	12.9	74	22.2
17	12.9	85	33.8
18	13.3	86	27.4
19	13.7	71	25.7
20	13.8	64	24.9
21	14.0	78	34.5
22	14.2	80	31.7
23	14.5	74	36.3
24	16.0	72	38.3
25	16.3	77	42.6
26	17.3	81	55.4
27	17.5	82	55.7
28	17.9	80	58.3
29	18.0	80	51.5
30	18.0	80	51.0
31	20.6	87	77.0

* D의 단위: inch, H의 단위 feet. 두 변수의 단위를 맞추기 위해서 D를 12로 나누어줄 필요가 있다.

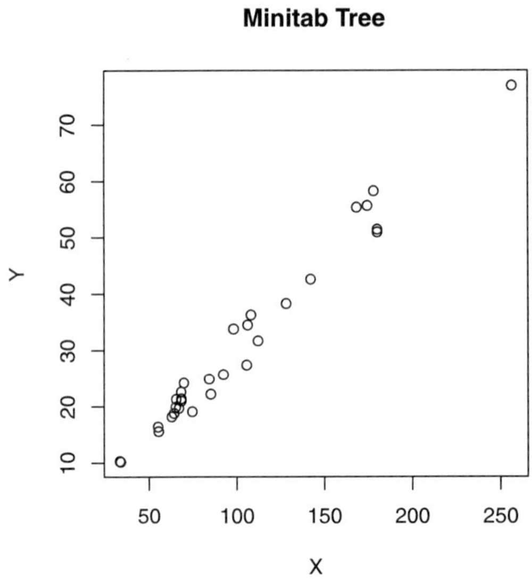

그림 1: 미니탭 나무 자료의 산점도

수치예로서, 미니탭 나무자료를 분석해 보기로 하겠다. 이 자료는 표본크기가 $31(=n)$이고 나무의 재적(材積, tree volume), 나무의 반경(diameter), 나무의 높이(height) 등 세 개의 변수로 구성되어 있다.

자료분석의 목적이 재적 Y의 예측에 있다고 하고 이것을 위하여 반경 D와 높이 H를 이용하기로 하자. 나무의 형태가 완전한 원기둥이라면 (그럴 리는 없지만), $Y = \pi D^2 H$가 될 것이고 원뿔이라면 $Y = \frac{\pi}{3} D^2 H$일 것이다. 따라서 재적 Y를 결정하는 중요한 변수로 $D^2 H\,(= X)$를 고려한다. X와 Y의 산점도인 그림 1을 보라.

그림 1의 산점도가 대체적으로 두 변수간 관계가 선형임을 보여주므로 회귀모형

$$Y = \beta_0 + \beta_1 X + \epsilon, \quad \epsilon \sim (0, \sigma)$$

을 상정한다. 다음은 오픈소스의 통계언어 및 팩키지 프로그램인 소프트웨어인 R의 출력인데 이 정도의 계산은 엑셀로도 충분히 가능하다. SAS나 SPSS 등 통계 소프트웨어의 사용법은 통계학 전공 교과에서 다룬다.

```
Coefficients:
            Estimate Std. Error t value Pr(>|t|)
(Intercept) -0.297679   0.963555  -0.309     0.76
X            0.305910   0.008566  35.711   <2e-16

Residual standard error: 2.493 on 29 degrees of freedom
Multiple R-squared: 0.9778,     Adjusted R-squared: 0.977
```

어떤 변수라도 한 변수에 의하여만 영향을 받는 경우는 무척 드물다. 따라서 여러 변수를 끌어들이면 모형의 설명력이 좋아진다. 다음 개념도는 한 변수 Y가 반응변수이고 이에 대하여 두 변수 X_1과 X_2가 설명변수인 경우이다.

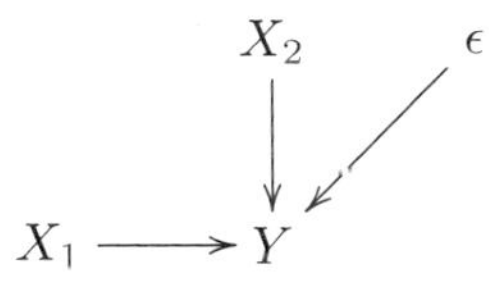

변수 X_1, X_2와 Y 간 관계 중에서 가장 단순한 것은 선형적 관계이다:

$$Y = \beta_0 + \beta_1 X_1 + \beta_2 X_2 + \epsilon, \quad \epsilon \sim (0, \sigma).$$

이런 모형을 다중선형회귀(multiple linear regression)라고 한다. 이에 대하여는 통계학 전공교과에서 다루게 될 것이다.

연습문제

'통계적 사고 2008년.xls' 성적자료(실습 파일)에 대하여 다음 분석을 하라.

1. 첫 번째 탭은 "통계적 사고 2008년" 성적자료에서 중간시험과 기말시험이 모두 유효한 수강생 성적 자료이다 (레코드 수=68; 결시 제외).
   1) 중간시험에 의한 기말시험 예측식을 산출하라.
   2) 중간시험과 기말시험 예측점수 간 상관계수를 구하라. 그리고 중간시험과 기말시험 예측오차 간 상관계수를 구하라.
2. 두 번째 탭은 '통계적 사고 2008년' 성적자료에서 중간시험을 기준으로 맺은 인문계, 자연계 학생의 쌍(pair) 자료이다 (쌍의 수=23). 인문-자연 쌍의 기말시험에서 인문계가 자연계에 비해 성적이 우수한가를 몬테칼로 방법으로 단측 검증하고 결론을 기술하라.

   * 단, alpha를 10%로 할 것.

   * 100회 반복하여 p-값을 산출할 것.

7장. 통계적 사고, 영역과 적성 Concluding Remarks

통계학이란 무엇인가? 그 정의는 매우 다양하지만 데이터의 지식화로 보는 것이 최근 추세이다. 역사적으로 인간은 수량적으로 표현된 경험적 사실들인 데이터로부터 일반적 추론을 해왔다. 최근에는 정보기술의 발전으로 정부, 기업과 사회는 방대한 데이터를 집적하게 되었는데 그것을 얼마나 지식화해 내느냐는 국가적 역량에 의해 결정된다. **데이터의 지식화**는 다음 3개 요소로 구성된다.

- 타당하고 신뢰성 있는 자료를 만드는 일
- 자료를 부석해내는 능력
- 분석 결과의 활용

통계적 방법은 통계전문가의 전유물인가? 그렇지 않다. 실제 수많은 영역 전문가들이 통계적 방법을 써서 그들의 문제를 해결하고 있다. 단지, 통계전문가들은 난이도가 높은 여러 분야의 데이터를 다루면서 새로운 방법론을 개발하는 일을 한다는 점에서 한 분야에 특화된 데이터를 정립된 방법으로 다루는 영역 전문가들과 역할이 다르다.

어떤 영역에서 통계적 방법이 쓰이는가? 모두를 망라하는 것은 불가능하기 때문에 일부만 소개하기로 한다.

- 의학: 의학, 약학 등 생명과학 분야에서 신약 개발과 관련하여 여러 단계에 걸쳐 통계적 문제가 발생한다. 신약 선별, 임상 실험 등.
- 환경: 물, 공기, 토양에 관한 환경 시스템은 복잡계의 본보기이다. 환경의 유지와 개선을 위하여 통계적 감시(monitoring) 체계가 요구된다.
- 제조업: 양질의 제품을 생산해 내기 위하여 효율적인 통계적 품질경영 체계가 필요하다. 우리나라는 전자, 철강 및 자동차 업계에서 세계적 수준의 "식스 시그마(Six Sigma)" 경영을 하고 있다.

- 정부와 사회: 정부가 국가를 효율적으로 운영하기 위하여 사회의 상태를 항시 수량적 지표로 파악하고 관리할 필요가 있다. 출산율, 실업률, 물가상승률, 여론 등.

- 마케팅: 한 기업이 자사 제품에 대한 수요자의 니즈(needs)를 정확히 파악하고 적시에 대응함으로써 시장 점유율을 유지/제고할 수 있다. 이를 위하여 소비자 조사를 끊임없이 하고 이를 토대로 적절한 전략을 구사한다.

- 금융: 통계적 방법의 활용이 점증하는 분야이다. 리스크 관리, 고객관계 관리 등 핵심적 금융 분야에서 우리나라는 금융 선진국들에 못지 않은 실력을 갖추어 가고 있다.

- 기타 분야: 심리학과 교육학, 농학은 통계적 방법론의 전통적 홈 베이스이다. 그 외에 통계적 방법은 다양한 방향과 빠른 속도로 영역을 넓히고 있다. 예컨대 법의 영역이 한 예이다. 현대 사회의 계량화 추세를 바탕으로 통계적 방법론이 활성화되고 있다.

21세기에 들어서면서 인류는 데이터 혁명(data revolution)을 겪고 있다. 정보기술의 발달로 데이터의 처리와 저장 기술에 혁신이 있었던 것이다. 이에 따라 통계학은 데이터 마이닝(data mining)의 방향으로 진화하고 있다.

- **데이터 마이닝**(data mining)은 대규모로 저장된 데이터 안에서 체계적이고 자동적으로 통계적 규칙(rule)이나 패턴(pattern) 등 통계적 지식(statistical knowledge)을 창출한다. 다른 말로 KDD(데이터베이스 내 지식발견, knowledge discovery in databases)라고 한다.

- 데이터 마이닝은 통계적 모형화에서 패턴 인식에 이르는 다양한 계량적 기법을 사용한다. 데이터 마이닝에서는 통계학에서 발전한 탐색적 자료분석, 시각화 기법, 다변량 분석, 비모수적 모형화(nonparametric modeling)과 데이터베이스 쪽에서 발전한 OLAP(온라인 분석처리, online analytic processing), 인공지능 분야에서 발전한 신경망, 전문가 시스템(expert system) 등이 활용된다.

- 데이터 마이닝의 응용 분야로 고객관계관리(CRM, customer relationship mangement), 신용평점 시스템(credit scoring system) 개발, 부정탐지 시스템(fraud detection system), 장바구니 분석(market basket analysis)과 같이 다양한 비즈니스 분석 분야와 천문학, 신약개발, 품질공학 등 과학기술 분야에서 광범위하게 사용되고 있다.

통계 전문가 또는 각 영역의 계량적 전문가에게는 어떤 적성이 요구되는가? 어떤 자질의 젊은이를 이 분야가 원하는가?

- 수학과 컴퓨터: 수학과 컴퓨터는 통계/계량 전문가의 창과 칼이다.

- 팀 협업(team collaboration): 현대 사회 및 기업의 문제는 여러 영역에 걸쳐 있다. 팀 협업으로만 해결될 수 있다. 조직화 능력과 커뮤니케이션 능력이 필수적이다.

- 문제해결 의지(problem solving desire): 앞의 두 가지 요소 외에 당면 문제를 해결하지 않고는 못 배기는 성격이라면 금상첨화이다.

*** 여러분들이 대학에서 배우게 되는 것**

여러분들은 대학에서

- 어떻게 해야 더 잘 사고할 수 있는지,
- 데이터는 어떻게 수집하고 분석하는지,
- 논리를 어떻게 구성하는지,
- 올바른 지식과 거짓 지식을 어떻게 구분하는지를 배우게 됩니다.

폴 케네디 (예일 대학교 역사학 교수), 2010.02.26. 경희대 강연에서

부록 A. 엑셀 실습 Excel as Computing Device

엑셀(Excel)은 마이크로 소프트 사의 스프레드 시트(spread sheet) 소프트웨어이다. 행렬 형태의 표, 수치 계산, 차트, 자료분석 등의 작업을 할 수 있다. 엑셀 외에 Google Docs나 한글과 컴퓨터사의 한셀도 사실상 같은 기능을 갖고 있다. 그림 1에서 엑셀의 첫 화면을 보라.

엑셀은 시트 내 셀(cell)의 위치를 열 문자와 행 번호로 지정하고 참조한다. 아래 엑셀 화면에서 열 A와 행 1의 셀, 즉 셀 A1에는 숫자 11이 입력되어 있다. 이런 식이므로 셀 B1의 값은 4이고 셀 A2의 값은 24이다. 엑셀의 사용은 대부분 직관적으로 가능하다. 예컨대 셀 A5에 무엇인가 넣고 싶으면 마우스로 그 칸을 찍고 나서 넣고 싶은 것을 타이핑하면 된다.

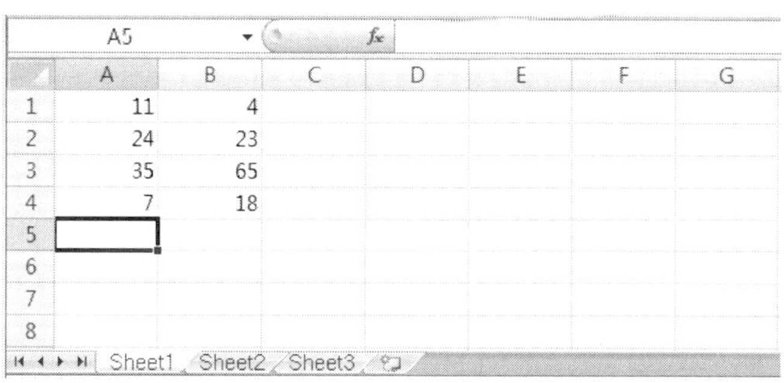

그림 1: 엑셀의 화면 1

여기서는 엑셀의 사용법을 구구절절 설명하지 않을 것이다. 기초 몇가지만 알면 꽤 근사한 몇가지 계산을 할 수 있기 때문이다. 활용경험이 하나 둘 쌓이다보면 자연스럽게 세세한 부분까지 알게된다. 세상사 그런 법이다.

본 교과에서 엑셀 실습의 목적은 컴퓨터로 정량적 사고를 쉽고 깊게 하자는 데 있다. 컴퓨터와 엑셀은 우리를 계산적 제약에서 자유롭게 해준다. 뿐만 아니라 결과를 기호가 아닌 수치로 보여주므로 직관적으로 수용할 수 있게 한다. 다음 절에 엑셀의 기초를 익히고나서 본 교재의 여러 곳에서 소개된 몇몇 사례를 구체적으로 다룰 것이다.

0. 엑셀의 ABC

그림 1의 엑셀 시트에서 셀 A1, A2, A3, A4의 합을 구해서 셀 A5에 넣어 보자. 두 가지 방법이 있다.

1) 칸 A5에 '`=A1+A2+A3+A4`'를 넣는다(따옴표 사이만). 그러면 77이 보인다.

2) 칸 A5에 '`=sum(A1:A4)`'를 넣는다(따옴표 사이만). 그러면 77이 보인다 [여기서 '`A1:A4`'는 셀 A1부터 A4까지의 4개의 칸을 의미한다. 그리고 '`=sum()`'은 합(sum)을 구하는 엑셀함수이다].

포함해야 할 칸들이 몇 개에 그치는 경우는 두 방법이 모두 양호하지만, 포함해야 할 칸들이 많아지면 두 방법 중 나중 방법이 훨씬 나은 방법이다. **함수**를 잘 써야 한다. 이것이 엑셀의 첫번째 팁이다.

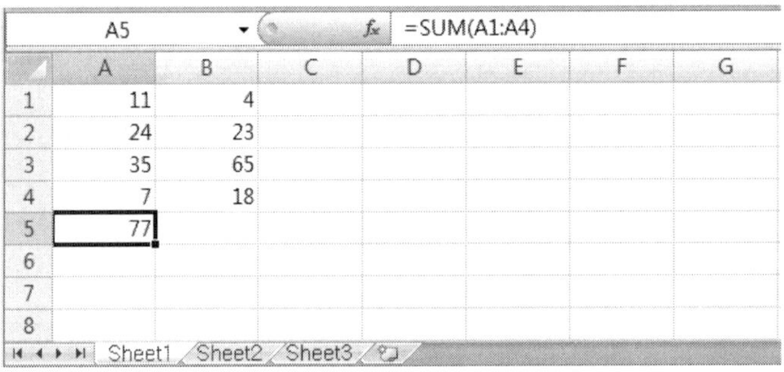

그림 2: 엑셀의 화면 2

엑셀함수는 수학, 통계, 재무 등 10여개 영역에 걸쳐 수백 종이 있다. 그러므로 이들을 모두 익히려 한다면 어리석은 일이 될 것이다. 필요에 따라 그때 그때 찾아서 활용하면 된다. 예를 들면,

	엑셀 함수 및 인수표현	계산 값
평균	`=average(A1:A4)`	19.25
자료 수	`=count(A1:A4)`	4
최소값	`=min(A1:A4)`	7
최대값	`=max(A1:A4)`	35

엑셀의 두번째 팁은 **상대참조**(relative reference)와 **절대참조**(absolute reference)의 활용에 있다. 예를 들어 보겠다.

칸 B5에 B1:B4의 합을 넣고자 한다고 하자. 이것은 칸 A5에 A1:A4의 합을 넣은 바 있으므로 작업 내용은 사실상 같다고 할 수 있다. 따라서 칸 A5를 복사하여 B5에 붙여넣기를 한다(copy & paste). 이렇게 하면 A5에 있던 모든 열문자가 자동으로 하나씩 증가하여 B5에 들어간다. 이를 상대참조라고 한다. 즉,

칸	엑셀 함수 및 인수표현	계산 값
A5	`=sum(A1:A4)`	77
B5	`=sum(B1:B4)`	110

이번에는 칸 A1:A4의 "스스로의 합계(77) 대비 구성비율"을 계산하여 칸 D1:D4에 넣어보자. 작업의 첫 단계로 D1에 '`=A1/A5`'를 넣는다. 그러면 0.1428...($=\frac{11}{77}$)이 나타난다. 즉 A1의 구성비율은 14.3%인 것이다. 이제 D1을 복사하여 D2에 넣는다. 어떤 값이 나타나는가? 놀랍게도 그 값은 '#DIV/0!'이고 셀에 입력된 내용을 확인해보면 '`=A2/A5`'가 아니라 '`=A2/A6`'인 것을 알 수 있다. 그 이유는 D1이 D2에 copy & paste되면서 행번호가 자동으로 하나씩 증가하여 들어갔기 때문이다. 즉, 행에 상대참조의 원칙이 적용된 것이다.

이것을 고치려면 D1에 '`=A1/A$5`'를 넣고나서 이것을 D2에 copy & paste해야 한다. 여기서 문자 '$'는 이어지는 열문자나 행번호를 고정시키는 연산자이다 (절대참조). 이렇게 하면 D2에 '`=A2/A$5`'가 복사되고 계산 값이 0.3116...($=\frac{24}{77}$)로 나타난다. 이런 식으로 작업하면 D3와 D4에는 '`=A3/A$5`'와 '`=A4/A$5`'가 자리잡고 0.4545...($=\frac{35}{77}$)와 0.0909...($=\frac{7}{77}$)를 값으로 표출한다.

연습 1. 칸 B1:B4의 "스스로의 합계(110) 대비 구성비율"을 계산하여 칸 E1:E4에 넣어보라. 상대참조와 절대참조가 원리가 어떻게 적용되는가?

엑셀의 세번째 팁은 **셀 서식**의 활용에 있다. 앞에서 열 D와 열 E에 구성비율을 계산한 결과, 소숫점 이하 10여 자리 숫자로 나타났는데 이만큼 필요하지는 않다. 소숫점 이하 2~3자리가 좋을 것이다. 이런 유형의 문제를 해결하기 위해서는 해당 열을 마우스로 클릭하여 활성화한 다음 셀 서식을 지정하면 된다. 셀 서식에는 숫자, 통화, 날짜, 시간, 백분율 등이 있는데, 이 중에서 숫자를 선택하고 소수 자릿수를 3으로 해보라. 그러면 해당 열에 반올림이 적용되어 엑셀 화면이 그림 3과 같이 된다 [실습파일: '`ABC updated.xls`'].

	A	B	C	D	E	F	G
1	11	4		0.143	0.036		
2	24	23		0.312	0.209		
3	35	65		0.455	0.591		
4	7	18		0.091	0.164		
5	77	110					

그림 3: 엑셀의 화면 3

연습 2. 칸 D1:D4, 그리고 칸 E1:E4의 구성비율을 소숫점 이하 1자리의 백분율로 표현해보라.

	A	B	C	D	E
1	Play Roulette!		0.4737	Cash Flow	Status
2	GAME	RAND	W/L	5	TRUE
3	1	0.01	1	6	TRUE
4	2	0.37	1	7	TRUE
5	3	0.43	1	8	TRUE
6	4	0.25	1	9	TRUE
7	5	0.87	-1	8	TRUE
8	6	0.74	-1	7	TRUE
9	7	0.89	-1	6	TRUE
10	8	0.79	-1	5	TRUE
11	9	0.32	1	6	TRUE
12	10	0.14	1	7	TRUE
13	11	0.51	-1	6	TRUE
14	12	0.99	-1	5	TRUE
15	13	0.11	1	6	TRUE
16	14	0.61	-1	5	TRUE
17	15	0.36	1	6	TRUE
18	16	0.91	-1	5	TRUE
19	17	0.73	-1	4	TRUE
20	18	0.78	-1	3	TRUE
21	19	0.68	-1	2	TRUE
22	20	0.09	1	3	TRUE
23	21	0.10	1	4	TRUE
24	22	0.72	-1	3	TRUE
25	23	0.82	-1	2	TRUE
26	24	0.53	-1	1	TRUE

그림 4: 도박꾼의 파산, 첫번째 화면

1. 우연과 확률

1.1 도박꾼의 파산(Gambler's Ruin)

판돈(초기자본)이 5 만원인 도박꾼이 매회 1 만원을 걸고 승률이 0.4737($=\frac{18}{38}$)인 룰렛 게임을 반복한다고 하자. 물론 돈을 모두 잃으면 게임을 지속할 수 없다. 그리고 시간적 제약 때문에 게임을 최대 50회까지만 할 수 있다고 가정한다. 그는 어떻게 될까?

질문에 답하기 위해서 그를 카시노까지 따라가서 지켜볼 필요는 없다. 그림 4에서 첫번째 화면을 보라.

다음은 실습 도움말이다 [실습파일: '1장 우연과 확률 updated.xls'의 '도박꾼의 파산' 탭].

셀 C1: =18/38 * 매 게임 승률
셀 D2: 5 * 게임 1 시작 전 현금 (단위: 만원)
셀 E2: TRUE * 게임 유효

	A	B	C	D	E
27	25	0.14	1	2	TRUE
28	26	0.76	-1	1	TRUE
29	27	0.99	-1	0	FALSE
30	28	0.66	-1	-1	FALSE
31	29	0.12	1	0	FALSE
32	30	0.66	-1	-1	FALSE
33	31	0.61	-1	-2	FALSE
34	32	0.69	-1	-3	FALSE
35	33	0.99	-1	-4	FALSE
36	34	0.78	-1	-5	FALSE
37	35	0.31	1	-4	FALSE
38	36	0.91	-1	-5	FALSE
39	37	0.97	-1	-6	FALSE
40	38	0.30	1	-5	FALSE
41	39	0.77	-1	-6	FALSE
42	40	0.01	1	-5	FALSE
43	41	0.23	1	-4	FALSE
44	42	0.00	1	-3	FALSE
45	43	0.18	1	-2	FALSE
46	44	0.88	-1	-3	FALSE
47	45	0.35	1	-2	FALSE
48	46	0.85	-1	-3	FALSE
49	47	0.96	-1	-4	FALSE
50	48	0.56	-1	-5	FALSE
51	49	0.62	-1	-6	FALSE
52	50	0.57	-1	-7	FALSE

그림 5: 도박꾼의 파산, 두번째 화면

셀 B3: `=RAND()`   * ‘`RAND()`’는 0과 1사이의 임의 수를 만들어내는 엑셀 함수

셀 C3: `=IF(B3 <= C$1,1,-1)`

  * B3 값이 C1보다 작으면 1이 되고 그렇지 않으면 –1이 됨.

  * C3=1은 1 달러의 이득, C3=–1은 1 달러의 손실을 뜻함.

셀 D3: `=D2+C3`   * 게임 직후 보유 현금

셀 E3: `=AND(E2,D3>0)`

  * 직전 값이 게임 유효(TRUE)이고 게임 직후 보유 현금이 플러스 값을 취해야 다음 게임이 유효함. 그렇지 않으면 다음 게임은 무효임.

셀 B4부터 셀 E4까지: 셀 B3부터 셀 E3까지의 copy

⋮

셀 B52부터 셀 E52까지: 셀 B51부터 셀 E51까지의 copy

도박꾼의 마지막 모습은 그림 5의 엑셀 화면에서 볼 수 있다. 이 화면의 D열에서 D29가 처음으로 0의 값을 취하였다. 그때의 GAME 번호는 27. 이는 도박꾼이 27번째 게임에서 파산하였음을 의미한다. 더 이상의 진행은 공허한 것이다.

셀 B3에 들어가 [F2] 키를 한 번 누르고 엔터 키를 치면 두 번째 도박꾼의 사례가 전개된다. 다음은 이런 식으로 얻은 도박꾼 10명에 대한 사례 보고이다.

도박꾼	마지막 유효 게임	최종 보유 현금
1	27	0
2	50	11
3	17	0
4	50	5
5	13	0
6	50	11
7	25	0
8	50	9
9	33	0
10	19	0

10명 중에서 6명이 파산을 했고 4명이 현금을 남겼음을 알 수 있다. 그리고 최종 보유 현금의 기댓값은

$$(0 + 11 + 0 + 5 + 0 + 11 + 0 + 9 + 0 + 0)/10 = 3.6$$

만원이다. 초기 자본이 5 만원이었으므로 평균 1.4 만원의 손해를 본 셈이다.

그러나 이상의 결과는 10명의 사례이므로 신뢰로운 결과를 얻기 위하여는 더 많은 사례를 시뮬레이션해야 할 것이다.

연습 3. '도박꾼의 파산'을 반복시행하여, 100명 중에서 몇 명이 파산하는가를 보라. 기대값은 얼마인가?

1.2 아무도 로또 1등에 당첨되지 않을 확률

로또 1매가 1등에 당첨될 확률은 1/8,140,000이다. 그렇다면 n명이 1매씩 산다고 할 때 어느 누구도 1등에 당첨되지 않을 확률이 얼마일까?

$n - 1$인 경우 그 확률은

$$1 - \frac{1}{8,140,000} \, (- q_1).$$

$n = 2$인 경우 그 확률은

$$(1 - \frac{1}{8,140,000}) \cdot (1 - \frac{1}{8,140,000}) = (1 - \frac{1}{8,140,000})^2 \, (= q_2)$$

이런 식으로 일반적으로 n매 중 어느 것도 1등에 당첨되지 않을 확률은

$$(1 - \frac{1}{8,140,000}) \cdots (1 - \frac{1}{8,140,000}) = (1 - \frac{1}{8,140,000})^n \, (= q_n).$$

따라서 수열 $\{q_n\}$은 단조 감소하는 등비수열이다.

$n = 8,140,000$일 때 q_n은? 당연히 그것은

$$(1 - \frac{1}{8,140,000})^{8,140,000} \, (= q_{8,140,000}).$$

이다. 그런데 $q_{8,140,000}$은 값이 얼마쯤 될까?

그림 6의 엑셀 화면에서 셀 B3:B26은 $n = 1, 2, 2^2, 2^3, \cdots, 2^{23}$에 대하여 '아무도 로또 1등에 당첨되지 않을 확률'을 구한 것이다. 그리고 셀 B28은 $n = 8,140,000$에 대하여 그 확률을 구한 것이다. $q_{8,140,000}$은 0.3679이다. 생각보다 크지 않은가?

다음은 실습 도움말이다 [실습파일: '1장 우연과 확률 `updated.xls`'의 '아무도 로또' 탭].

셀 B1: `=1/8140000`   * 로또 1등 당첨 확률
셀 A3: `1`
셀 B3: `=(1-B$1)^A3`
      * 셀 A3명 중에서 아무도 로또 1등에 당첨되지 않을 확률
셀 A4: `=A3*2`
셀 B4: 셀 B3의 copy
셀 A5과 셀 B5: 앞 줄의 copy
  ⋮
셀 A26과 셀 B26: 앞 줄의 copy
셀 A28: `8140000`
셀 B28: `=(1-B$1)^A28`
      * 셀 A28명 중에서 아무도 로또 1등에 당첨되지 않을 확률

	A	B
1		0,00000012
2	n	q_n
3	1	0,999999877
4	2	0,999999754
5	4	0,999999509
6	8	0,999999017
7	16	0,999998034
8	32	0,999996069
9	64	0,999992138
10	128	0,999984275
11	256	0,999968551
12	512	0,999937103
13	1,024	0,999874209
14	2,048	0,999748435
15	4,096	0,999496932
16	8,192	0,998994118
17	16,384	0,997989248
18	32,768	0,995982539
19	65,536	0,991981217
20	131,072	0,984026735
21	262,144	0,968308616
22	524,288	0,937621575
23	1,048,576	0,879134219
24	2,097,152	0,772876974
25	4,194,304	0,597338817
26	8,388,608	0,356813663
27		
28	**8,140,000**	**0,367879419**

그림 6: 아무도 로또 1등에 당첨되지 않을 확률

관련 수학.

$$(1 - \frac{1}{8,140,000})^{8,140,000} = \lim_{n\to\infty}\left(1 - \frac{1}{n}\right)^n = \frac{1}{e}.$$

여기서 e는 $2.718282\cdots$를 값으로 취하는 무리수이다. 이 값은 대학수학에서 매우 중요하다.

연습 4. 16,280,000명이 1매씩 로또를 사는 경우 아무도 1등에 당첨되지 않을 확률은 얼마인가? 32,560,000명이 1매씩 로또를 사는 경우는?

	A	B	C	D
1	n	a_n	p_n	r_n
2	1	1.0000	1.0000	0.0000
3	2	0.9973	0.9973	0.0027
4	3	0.9945	0.9918	0.0082
5	4	0.9918	0.9836	0.0164
6	5	0.9890	0.9729	0.0271
7	6	0.9863	0.9595	0.0405
8	7	0.9836	0.9438	0.0562
9	8	0.9808	0.9257	0.0743
10	9	0.9781	0.9054	0.0946
11	10	0.9753	0.8831	0.1169
12	11	0.9726	0.8589	0.1411
13	12	0.9699	0.8330	0.1670
14	13	0.9671	0.8056	0.1944
15	14	0.9644	0.7769	0.2231
16	15	0.9616	0.7471	0.2529
17	16	0.9589	0.7164	0.2836
18	17	0.9562	0.6850	0.3150
19	18	0.9534	0.6531	0.3469
20	19	0.9507	0.6209	0.3791
21	20	0.9479	0.5886	0.4114
22	21	0.9452	0.5563	0.4437
23	22	0.9425	0.5243	0.4757
24	23	0.9397	0.4927	0.5073

그림 7: 생일문제

1.3 생일문제(Birthday Problem)

임의의 n명 중에서 생일이 겹칠 확률 r_n을 구하는 문제이다. 그 확률은 어느 누구의 생일도 겹치지 않을 확률 p_n과는 $r_n = 1 - p_n$의 관계에 있다. 그런데 $p_1 = 1$이고 $n = 2, 3, \cdots, 365$에 대하여 p_n은

$$p_n = a_n \cdot p_{n-1}$$

로 풀어진다. 여기서 $a_n = (365 - (n-1))/365$.

그림 7의 엑셀화면은 $n = 1, 2, 3, \cdots, 23$에 대하여 a_n, p_n과 r_n을 보여준다. $n = 23$에서 r_n이 처음으로 0.5보다 커지는 것을 볼 수 있다.

다음은 실습 도움말이다 [실습파일: '1장 우연과 확률 `updated.xls`'의 '생일문제' 탭].

B2: `1`
C2: `1`

D2: `= 1-C2`
B3: `= (365-A2)/365`
C3: `= C2*B3`
D3: `= 1-C3`
셀 B4부터 셀 D4까지: 앞 줄의 copy
⋮
셀 B24에서 셀 D24까지: 앞 줄의 copy

연습 5. 임의의 n명 중에서 생일이 겹칠 확률 r_n이 처음으로 99%를 넘게되는 최소의 n을 구하라.

	A	B	C	D	E	F	G	H	I	J
1	6	0	0	0	6	9	1	3	9	1
2	0	4	5	8	4	0	6	0	8	6
3	5	5	6	9	8	5	3	2	5	9
4	7	0	6	3	1	4	1	4	8	3
5	6	3	8	9	5	0	6	7	3	0
6	8	7	3	7	9	4	5	8	7	4
7	8	4	4	7	0	1	2	8	9	3
8	9	5	0	1	7	7	2	4	2	5
9	5	2	3	3	0	2	1	9	1	1
10	5	7	2	2	1	7	8	9	0	9
11	9	7	0	7	9	0	7	3	1	7
12	6	3	6	2	8	6	8	4	8	5
13	8	7	8	9	0	1	9	6	6	5
14	4	9	4	5	4	2	5	9	5	1
15	2	8	1	4	4	3	8	1	1	7
16	1	6	3	9	7	0	1	6	5	0
17	7	3	0	6	7	0	5	1	5	2
18	3	4	1	2	3	1	6	8	1	8
19	7	3	9	7	9	5	3	1	6	0
20	6	8	9	5	3	2	0	8	8	6

그림 8: 임의숫자 표

2. 표본조사

2.1 임의숫자 표(Random Number Table, 난수표)

0부터 9까지의 임의숫자(random number, 亂數)를 만들어보자. 그 방법은 엑셀 함수 `RAND()`로 0과 1사이의 임의 실수를 만든 후에 그것이 0, 1, 2, 3, 4, 5, 6, 7, 8, 9 중 하나가 되도록 변환하는 것이다. 그림 8의 엑셀화면은 그렇게 만들어진 20*10 한 자리 임의숫자표이다.

다음은 실습 도움말이다 [실습파일: '2장 표본조사 `updated.xls`'의 '임의숫자 표' 탭].

A1: `=TRUNC(RAND()*10)` * `TRUNC(x)`는 `x`의 소수점 이하 값을 버린다.
B1부터 J1까지: A1의 copy
A2부터 J2까지: 앞 줄의 copy
⋮
A20부터 J20까지: 앞 줄의 copy

2.2 단순임의추출(simple random sampling)

크기가 $N = 1,000$인 모집단에서 크기 $n = 20$의 임의표본을 추출해야 한다고 하자. 어떻게 해야 할까? 여기서는 모집단 내 개체들에 1부터 N까지의 일련번호가 매겨져 있다고 가정한다.

이때, 염두에 두어야 할 사항은 한 개체가 두번 이상 뽑힌다면 한번만 인정해야 한다는 점이다. $N \gg n$인 경우에는 그런 일은 매우 드물지만 말이다.

다음은 실습 도움말이다 [실습파일: '2장 표본조사 `updated.xls`'의 '임의추출' 탭]. 그림 9의 엑셀화면 참조.

A1: `1000` * 모집단의 크기
B3: `=TRUNC(RAND()*A$1)+1` * `TRUNC(x)`는 `x`의 소수점 이하 값을 버림.
B4: B3의 copy
⋮
B24: B23의 copy

첫 번째 추출된 사람은 일련번호가 431(=B3)인 사람이다. 이런 식으로 $n(=20)$명이 뽑혔는데 뽑힌 번호들 가운데 중복이 있으면 이를 하나로 줄어야 한다. 그 방법은 다음과 같다. 그림 9의 엑셀 화면 참조.

1) 뽑힌 개체번호 B3:B24를 C3:C24에 "값만" 붙인다. 이때, B3:B24와 C3:C24의 값이 달라질 수 있지만 C3:C24의 개체들도 임의추출 표본으로 볼 수 있다.

2) C3:C22를 커지는 순서로 정렬해 D3:D22에 넣는다.

3) 순서정렬된 D3:D22에 대해 차분(difference)를 산출하여 E3:E22에 넣는다. 즉, E3에는 D3를 넣는다. 그러나 E4에는 '`=D4-D3`'를 넣는다. E5에는 E4를 copy하여 넣는다. ⋯, 마지막으로 E22에는 E21을 copy하여 넣는다.

4) 차분값 열 E3:E22 중에서 0인 것을 찾는다. 만약 0인 것이 없으면 작업이 성공적인 것으로 볼 수 있다. 0인 것이 발견되는 경우 후보개체 D23, D24, ⋯로 보충한다.

	A	B	C	D	E
1	1000				
2	일련번호	추출수식	추출번호	정렬번호	차분값
3	1	431	934	20	20
4	2	638	20	92	72
5	3	457	997	183	91
6	4	436	840	202	19
7	5	657	411	204	2
8	6	192	367	347	143
9	7	849	202	367	20
10	8	464	916	411	44
11	9	192	501	454	43
12	10	531	204	492	38
13	11	896	454	501	9
14	12	80	347	566	65
15	13	747	183	570	4
16	14	594	566	687	117
17	15	814	687	790	103
18	16	327	92	840	50
19	17	132	790	850	10
20	18	919	570	916	66
21	19	919	850	934	18
22	20	445	492	997	63
23	21	949	415	415	
24	22	192	893	893	

그림 9: 단순임의추출($N = 1000, n = 20$)

2.3 표본추출(Sampling)

p가 0.6인 모집단에서 크기 n(=1,000)의 임의표본을 추출하여 표본비율 $\hat{p}$을 산출해보자. 다음은 실습 도움말이다 [실습파일: '2장 표본조사 `updated.xls`'의 '표본추출' 탭]. 그림 10과 그림 11의 엑셀 화면 참조.

셀 C1: `0.60`　* 모비율 값 입력
셀 B3: `=RAND()`　* 0과 1사이의 임의 수 생성
셀 C3: `=IF(B3<C$1,1,0)`　* 임의 수가 모비율 값보다 작으면 1, 아니면 0
셀 B4와 셀 C4: 앞 줄의 copy
⋮
셀 B1002와 셀 C1002: 앞 줄의 copy
셀 C1003: `=AVERAGE(C3:C1002)`　* 자료값(1,0)의 평균, 즉 표본비율

이런 식으로 1,000개의 1 또는 0의 값을 만들어 낼 수 있는데 이것을 조사표본으로 간주한다. 그림 11의 엑셀 화면에서는 표본비율이 0.593으로 나왔다.

	A	B	C	D
1			0.60	(=p)
2		RAND	Y/N	
3	1	0.01	1	
4	2	0.65	0	
5	3	0.97	0	
6	4	0.05	1	
7	5	0.75	0	
8	6	0.78	0	
9	7	0.63	0	
10	8	0.11	1	
11	9	0.78	0	
12	10	0.06	1	

그림 10: 표본추출($p = 0.6$), 첫번째 화면

	A	B	C	D
993	991	0.86	0	
994	992	0.49	1	
995	993	0.64	0	
996	994	0.48	1	
997	995	0.73	0	
998	996	0.39	1	
999	997	0.32	1	
1000	998	0.83	0	
1001	999	0.35	1	
1002	1000	0.13	1	
1003		p hat =	0.593	

그림 11: 표본추출($p = 0.6$), 두번째 화면

2.4 신뢰구간(Confidence Intervals)

완전히 같은 조사가 중복 시행되는 일은 매우 드물다. 그러나 컴퓨터에서는 같은 조사를 별 수고 없이 여러 번 반복할 수 있다. 그림 12와 그림 13의 엑셀 화면에서는 같은 조사를 100회 반복 시행한 결과를 공간 절약된 형태로 보여준다 (화면에는 열 B부터 열 F까지 5개 조사 결과만 보이지만 엑셀 시트에는 열 CW까지 100개 조사 결과가 들어 있다). 그러면 100개 조사 결과가 모두 조금씩 다르게 된다. 이를 잘 활용하면 특정 1개 조사에 대한 신뢰구간을 구할 수 있다. 이하, 첫번째 조사(열 B)를 실제라고 간주하고 두번째 조사(열 C)부터 100번째 조사(열 CW)를 모의시행된 조사로 간주할 것이다. 모든 조사는 독립적으로 비율 p가 0.6인 모집단에서 임의추출됨을 가정한다. 편의상, 신뢰수준을 90%로 할 것이다.

	A	B	C	D	E	F
1	100 Confidence Intervals		0,60	(=p)		
2	Samples ->	1	2	3	4	5
3	1	0	0	1	1	1
4	2	1	1	1	0	1
5	3	1	1	1	1	1
6	4	0	0	1	0	1
7	5	0	1	0	1	1
8	6	1	1	1	1	0
9	7	0	1	1	1	1
10	8	0	1	1	1	1
11	9	1	1	1	0	1
12	10	1	0	0	1	0
13	11	1	0	1	0	1
14	12	0	1	1	1	0
15	13	0	1	1	1	1
16	14	0	1	0	1	0
17	15	1	0	0	1	0
18	16	1	0	1	1	0
19	17	1	0	0	1	1
20	18	1	0	0	1	1
21	19	1	0	1	0	0
22	20	1	0	0	1	1

그림 12: 신뢰구간, 첫번째 화면

다음은 실습 도움말이다 [실습파일: '2장 표본조사 `updated.xls`'의 '신뢰구간' 탭].

셀 C1: `0.60` * 모비율 값 입력
셀 B2: `=IF(RAND()<C$1,1,0)`
* 임의 수가 모비율 값보다 작으면 1, 아니면 0
셀 C2: 왼쪽 셀의 copy
⋮
셀 CW2: 왼쪽 셀의 copy
셀 B3부터 셀 CW3까지: 앞 줄의 copy
⋮
셀 B1002부터 셀 CW1002까지: 앞 줄의 copy
⋮
셀 B1003: `=AVERAGE(B3:B1002)` * 자료값(1,0)의 평균, 즉 표본비율.
셀 C1003: 왼쪽 셀의 copy
⋮

	A	B	C	D	E	F
999	997	0	1	1	1	0
1000	998	0	0	1	0	1
1001	999	0	0	1	0	1
1002	1000	1	1	1	1	1
1003	p hat =	0.566	0.585	0.576	0.581	0.615
1004	[sorted]	0.456	0.470	0.470	0.472	0.475
1005						
1006		5% 값	95% 값	차이/2		*이론
1007		0.477	0.531	0.027	오차한계	0.025
1008	표본.1로부터의					
1009	90% 신뢰구간	0.539	0.593			

그림 13: 신뢰구간, 두번째 화면

셀 CW1003: 왼쪽 셀의 copy

셀 B1004부터 셀 CW1004까지: 셀 B1003부터 CW1003까지를 copy하여 '값만 붙이기'를 하고 그 결과를 순서정렬함.

셀 B1007: 셀 B1004부터 셀 CW1004까지의 1000개 $\hat{p}$의 5% 분위수를 넣음. 즉, `=(F1004+G1004)/2`.

셀 C1007: 셀 B1004부터 셀 CW1004까지의 1000개 $\hat{p}$의 95% 분위수를 넣음. 즉, `=(CS1004+CR1004)/2`.

셀 D1007: $\hat{p}$의 95% 분위수와 5% 분위수의 차이의 반. `=(C1007-B1007)/2`.

셀 B1009: 신뢰수준 90%의 신뢰구간 하한. `=B1003-D1007`.

셀 C1009: 신뢰수준 90%의 신뢰구간 상한. `=B1003+D1007`.

연습 6. '신뢰구간' 탭에서 표본크기 $n = 1,000$인데 이것을 1/4인 $n = 250$으로 줄이게 되면 신뢰구간의 폭은 어떻게 달라지는가? (신뢰수준 90%에서)

3. 실험연구 또는 관측연구

3장은 다음 4개 엑셀 실습을 담고 있는데 이에 대하여는 모두 본문에 내용이 설명되어 있다.

- **임의화 절차**. '3장 임의화 절차 updated.xls'의 '완전임의화' 탭
- **순차적 임의화**. '3장 임의화 절차 updated.xls'의 '순차적' 탭
- **짝짓기**. '3장 임의화 절차 updated.xls'의 '짝짓기' 탭
- **블록화설계에서의 임의처리배치**. '3장 임의화 절차 updated.xls'의 '블록화'

	A	B	C	D	E	F	G	H	I	J
1	id	계열	mid	final	hw1	hw2	hw3	hw4	extra	in_class
2		* 배점	30	30	5	5	5	10	2	3
3	1	인문	16	2	3					1
4	2	인문								1
5	3	인문	13							1
6	4	인문	20	11	5	3	3	5	2	3
7	5	인문	22	20	5	5	4	9	2	3
8	6	인문	15	10	4	3	4	5		3
9	7	인문	19	13	4	4	4	5		3
10	8	인문	20	4		2	4	9		3
11	9	인문	19	21	5	5	5	9	2	3
12	10	인문	9	5				1		1
13	11	자연	13	0	3	2	4	5		2
14	12	자연	18	5	4	4	4	5		2
15	13	자연	22	9	3	3	4	5		1
16	14	자연	6							1
17	15	자연	17	10						2
18	16	인문	12	14	5	5	4	9	2	3
19	17	인문	16	12		3		5		3
20	18	인문	15	8	4	4	4	5		1

그림 14: 성적자료처리, 첫번째 화면

4. 자료기술

4.1 성적자료

그림 14와 그림 15의 '성적자료처리' 탭에는 통계적 사고 2004년 수강자 65명의 성적기록이 들어 있다. 성적반영 요소, 즉 변수는 중간시험, 기말시험, 과제1, 과제2, 과제3, 과제4, 추가득점(extra) 및 출석점수(in-class) 등이다.

각 변수에 대하여 N, Mean, SD, Min, Q1, Med, Q3, Max를 구해보자. 다음은 실습 도움말이다 [실습파일: '4장 자료기술 - 성적자료 updated.xls'의 '성적자료처리' 탭].

셀 C69: = COUNT(C3:C67) * 자료값이 들어있는 칸의 수
셀 C70: = AVERAGE(C3.C67) * 자료값들의 평균
셀 C71: = STDEV(C3:C67) * 자료값들의 표준편차
셀 C72: = MIN(C3:C67) * 자료값의 최소값
셀 C73: = QUARTILE(C3:C67,1) * 자료값들의 아래 4분위수
셀 C74: = MEDIAN(C3:C67) * 자료값들의 중위수

	A	B	C	D	E	F	G	H	I	J
57	55	자연	23	15	5	2	4	5		3
58	56	자연	10	10	4	4	4	5		2
59	57	자연	16	10	4	3	4	5	2	1
60	58	자연	10	9	5	2	4	7		2
61	59	자연	15	15	4	2	4	5		2
62	60	자연	24	28	5	4	4	7		3
63	61	자연	21	1	4	2				1
64	62	자연	11	11	5	4	3	5		2
65	63	자연	20	10	4	5	4	5		3
66	64	자연	18	11	5	5	4	5		3
67	65	자연	21	10	5	5	5	5		3
68										
69		N	62	59	54	56	51	55	11	65
70		Mean	16.7	10.9	4.2	3.5	4.2	5.9	2.0	2.2
71		SD	4.5	6.1	0.9	1.0	0.5	1.5	0.0	0.9
72		Min	2.0	0.0	1.5	2.0	3.0	1.0	2.0	1.0
73		Q1	15.0	7.3	3.5	3.0	4.0	5.0	2.0	1.0
74		Median	17.0	10.0	4.5	3.0	4.0	5.0	2.0	2.0
75		Q3	20.0	15.0	5.0	4.0	4.0	7.0	2.0	3.0
76		Max	24.0	28.0	5.0	5.0	5.0	9.0	2.0	3.0

그림 15: 성적자료처리, 두번째 화면

셀 C75: = `QUARTILE(C3:C67,3)` * 자료값의 위 4분위수
셀 C76: = `MAX(C3:C67)` * 자료값들의 최대값
셀 D69부터 셀 D76까지: 셀 C69에서 셀 C76까지의 copy

⋮

셀 J69부터 셀 J76까지: 셀 I69에서 셀 I76까지의 copy

여기서 주의할 점은 엑셀의 각종 통계함수들은 빈 칸을 건너뛴다는 점이다. 따라서 셀이 비어있는 경우와 셀 값이 0인 경우를 구분하여 다른 통계값이 산출된다. 예컨대 추가점수(extra) 변수를 보자. 모두 11명이 득점을 하였는데 SD가 0으로 나오는 것을 보면 추가점수가 없는 54명은 통계값 산출시 전혀 산입되지 않았음을 알 수 있다. 만약 이들에 대하여 추가점수를 0으로 입력하면 결과는 완전히 달라질 것이다.

기말시험 성적의 경우 Q1=7.3, Median=10.0, Q3=15.0으로

$$(\text{Median}-\text{Q1})/(\text{Q3}-\text{Median}) = 2.7/5.0 = 0.54 < 1$$

로 나타나 큰 값 쪽으로 긴 꼬리를 가진 분포 형태를 취하고 있음을 볼 수 있다. 난

	A	B	C	D	E	F	G	H	I	J
69	인문계	N	20	19	16	17	16	18	5	23
70		Mean	16.5	12.5	4.1	3.6	4.2	6.4	2.0	2.3
71		SD	4.3	5.5	1.0	0.9	0.5	2.0	0.0	0.9
72		Min	6.0	2.0	1.5	2.0	3.0	1.0	2.0	1.0
73		Q1	14.8	9.3	3.5	3.0	4.0	5.0	2.0	1.0
74		Median	16.0	13.0	4.5	3.0	4.0	7.0	2.0	3.0
75		Q3	20.0	14.0	5.0	4.0	4.0	7.0	2.0	3.0
76		Max	22.0	22.0	5.0	5.0	5.0	9.0	2.0	3.0
77										
78	자연계	N	42	40	38	39	35	37	6	42
79		Mean	16.9	10.2	4.2	3.4	4.2	5.6	2.0	2.1
80		SD	4.7	6.2	0.9	1.0	0.5	1.2	0.0	0.8
81		Min	2.0	0.0	2.0	2.0	3.0	3.0	2.0	1.0
82		Q1	15.3	5.8	3.6	3.0	4.0	5.0	2.0	1.0
83		Median	17.0	10.0	4.5	3.0	4.0	5.0	2.0	2.0
84		Q3	20.0	14.5	5.0	4.0	4.0	7.0	2.0	3.0
85		Max	24.0	28.0	5.0	5.0	5.0	7.0	2.0	3.0

그림 16: 성적자료처리, 계열별

이도가 너무 높았던 것이 아닌가 생각된다.

연습 7. 중간시험과 기말시험 간 상관계수를 구해보라. 힌트: 엑셀 함수 `CORREL()`을 활용해볼 것.

연습 8. 인문계열과 자연계열로 나누어 각 변수에 대하여 N, Mean, SD, Min, Q1, Med, Q3, Max를 구해보라. 그림 16과 같이 나오면 제대로 한 것이다.

4.2 표준정규분포의 확률

표준정규분포의 확률밀도함수는 다음과 같다.

$$f(z) = \frac{1}{\sqrt{2\pi}} e^{-z^2/2}, \quad -\infty < z < \infty.$$

표준정규분포 하에서 구간 $(0,1)$에 대한 확률을 구해보기로 하자. 그 확률은 z의 구간 $(0,1)$에서 $y = f(z)$와 $y = 0$ 사이의 면적인데, 여기서는 그 면적을 구간 $(0,1)$에 따라 n등분하여 사다리꼴로 근사하여 구할 것이다. 즉,

$$P\{0 \le Z \le 1\} \simeq \sum_{k=1}^{n} A_k$$

	A	B	C	D
1	표준정규분포의 확률		구간 (0,1)	
2	x		f(x)	sub,area
3	0	0,0	0,3989	
4	1	0,1	0,3970	0,0398
5	2	0,2	0,3910	0,0394
6	3	0,3	0,3814	0,0386
7	4	0,4	0,3683	0,0375
8	5	0,5	0,3521	0,0360
9	6	0,6	0,3332	0,0343
10	7	0,7	0,3123	0,0323
11	8	0,8	0,2897	0,0301
12	9	0,9	0,2661	0,0278
13	10	1,0	0,2420	0,0254
14			sum (sub,area)	0,3411
15			normdist	0,3413

그림 17: 표준정규분포 하에서 (0,1)의 확률

를 활용한다. 여기서 $A_k = h \cdot \frac{1}{2}\left[f\left(\frac{k-1}{n}\right) + f\left(\frac{k}{n}\right)\right]$ 는 k번째 사다리꼴의 면적이다 ($h = \frac{1}{n}$).

그림 17는 이런 수치적 방법으로 표준정규분포 하에서 (0,1)의 확률을 구하기 위한 엑셀 화면이다. n은 10으로 두었다.

다음은 실습 도움말이다 [실습파일 '4장 정규분포 `updated.xls`'의 '10등분' 탭]

셀 B3: `=A3/10` * 구간의 왼쪽 끝
셀 C3: `=1/SQRT(2*3.1416)*EXP(-B3*B3/2)` * 확률밀도
셀 B4: 셀 B3의 copy
셀 C4: 셀 C3의 copy
셀 D4: `=(C3+C4)/2*(B4 − B3)` * 사다리꼴의 면적
셀 B5부터 셀 D5까지: 앞 줄의 copy
⋮
셀 B13부터 셀 D13까지: 앞 줄의 copy
셀 D14: `=SUM(D3:D13)` * 사다리꼴 면적의 합, 근사적 확률 값
셀 D15: `=NORMDIST(1,0,1,1)-0.5` * 정확한 확률 값

이렇게 구한 확률 값은 0.3411이다. 참고로, 엑셀함수 `normdist()`를 써서 구한 정확한 확률 값은 0.3413이다. 근사값 치고는 꽤 근사하지 않은가?

연습 9. 표준정규분포 하에서 구간 $(0, 1)$에 대한 확률을 100개$(= n)$의 사다리꼴로 근사하여 구하라.

연습 10. 표준정규분포 하에서 구간 $(1.96, \infty)$에 대한 확률을 구하라.

6. 통계적 추론 2: 몬테칼로 방법

6.1 두 독립표본의 비교(Two Independent Samples)의 비교

두 표본 A가 B보다 크다고 할 수 있는지 아니면 그렇게 말할 수 없는지를 검정하고자 한다. 이를 위한 몬테칼로 방법을 구현하여 보자.

다음은 실습 도움말이다 [실습파일 '6장 통계적 추론 - 몬테칼로 방법 `updated.xls`'의 '독립표본' 탭]. 그림 18 참조.

셀 A2부터 셀 A15까지: 처리(A 7개와 B 7개)를 입력한다.
셀 B2부터 셀 B15까지: 자료값을 입력한다.
셀 B16: `=AVERAGE(B2:B8)` * 처리 A의 평균값을 계산한다.
셀 B17: `=AVERAGE(B9:B15)` * 처리 B의 평균값을 계산한다.
셀 B18: `=B16-B17` * 처리 A 평균과 처리 B 평균의 차이
셀 D2부터 셀 D18까지: 셀 A2부터 셀 A18까지를 copy해 붙여 넣는다.
셀 E2부터 셀 E18까지: 셀 B2부터 셀 B18까지를 copy해 붙여 넣는다.
셀 F2부터 셀 F15까지: `=RAND()`
셀 E2부터 셀 E15까지, 셀 F2부터 셀 F15를 묶어 데이터 정렬한다.
    이때 정렬기준은 F 열이다.
셀 E18에 나타난 몬테칼로 차이를 기록해둔다. 예컨대 칸 B21에.
앞의 두 단계를 반복 시행한다.

이렇게 하면 p-값은 몬테칼로 차이 중 B18보다 큰 것의 상대적 빈도로 산출된다. 그림 18에서는 10개의 몬테칼로 차이가 기록되어 있다. p-값이 어느 정도 정확히 산출되려면 최소 100회의 시행이 필요하다.

6.2 대응표본(Paired Sample)에서의 비교

두 표본 A와 B가 짝 지워진 경우 A와 B를 비교하는 검정문제를 몬테칼로 방법으로 접근하여 보자.

다음은 실습 도움말이다 [실습파일 '6장 통계적 추론 - 몬테칼로 방법 `updated.xls`'의 '대응표본' 탭]. 그림 19 참조.

셀 B2부터 셀 B10까지: 처리 A 자료값 입력
셀 C2부터 셀 C10까지: 처리 B 자료값 입력
셀 D2부터 셀 D10까지: 줄 별로 처리 A 자료값과 처리 B 자료값 차이를 산출

	A	B	C	D	E	F
1	Treatment	Data		Treatment	Data	Random
2	A	9.0		A	8.8	0.554
3	A	9.9		A	9.6	0.082
4	A	9.6		A	9.0	0.386
5	A	8.7		A	8.7	0.236
6	A	10.4		A	8.7	0.513
7	A	9.5		A	9.5	0.403
8	A	10.0		A	9.1	0.069
9	B	8.8		B	8.4	0.794
10	B	8.4		B	7.9	0.966
11	B	7.9		B	9.6	0.724
12	B	8.7		B	10.0	0.854
13	B	9.1		B	10.4	0.162
14	B	9.6		B	9.9	0.031
15	B	9.9		B	9.9	0.372
16	Mean of A	9.59		Mean of A	9.06	
17	Mean of B	8.91		Mean of B	9.44	
18	Difference	0.67		Difference	-0.39	
19						
20	Trial	Difference				
21	1	-0.39				
22	2	-0.13				
23	3	0.33				
24	4	-0.56				
25	5	-0.24				
26	6	0.04				
27	7	-0.56				
28	8	-0.16				
29	9	0.44				
30	10	0.36				

그림 18: 독립표본의 비교

셀 B12: =AVERAGE(B2:B10) * 처리 A 평균값 산출

셀 C12: =AVERAGE(C2:C10) * 처리 B 평균값 산출

셀 D12: = B12-C12 * 처리 A와 처리 B의 평균 차이 계산

셀 B16: = IF(RAND()<0.5,1,-1)*D2 * 임의로 D2의 부호를 결정

셀 B17: 셀 B16의 copy

⋮

셀 D24: 셀 B23의 copy

셀 B26: =AVERAGE(B16:B24) * 몬테칼로 표본에서 처리간 평균 차이 계산

셀 C16부터 셀 C24까지: 셀 B16부터 셀 B24까지의 copy

이렇게 하면 p-값은 몬테칼로 평균 차이 중 D12보다 큰 것의 상대적 빈도로 산출된다. p 값이 어느 정도 정확히 산출되려면 최소 100회의 시행이 필요하다.

	A	B	C	D	E	F
1	Pair	A	B	D=A-B		
2	1	86	72	14		
3	2	77	84	-7		
4	3	70	62	8		
5	4	71	76	-5		
6	5	81	66	15		
7	6	69	68	1		
8	7	75	64	11		
9	8	65	66	-1		
10	9	54	49	5		
11						
12	Mean	72.0	67.4	4.6		
13						
14		Monte-Carlo Random Differences				
15	Trial	1	2	3	4	5
16		14	-14	14	-14	14
17		7	7	7	-7	7
18		8	8	8	8	8
19		-5	-5	5	-5	5
20		15	15	15	15	-15
21		-1	-1	1	1	-1
22		-11	11	-11	-11	-11
23		-1	1	-1	1	1
24		-5	5	-5	-5	5
25						
26	Mean	2.3	3.0	3.7	-1.9	1.4

그림 19: 대응표본에서의 비교

6.3 상관(Correlation)

신부의 키와 신랑의 키 사이에 양의 상관이 있는가를 검정하여 보자. 영가설은 신부의 키와 신랑의 키 사이에는 아무 관련이 없다는 것이다. 따라서 신부를 고정시킨 상태에서 신랑을 임의 순열화하여 영가설 하에서 상관계수의 분포를 산출한다.

다음은 실습 도움말이다 [실습파일 '6장 통계적 추론 - 몬테칼로 방법 `updated.xls`'의 '상관' 탭]. 그림 20 참조.

셀 A2부터 셀 A11까지: 신부의 키 자료값 입력
셀 B2부터 셀 B11까지: 신랑의 키 자료값 입력
셀 B13: `=CORREL(A2:A11, B2:B11)` * 신부의 키와 신랑의 키 사이 상관계수
셀 D2부터 셀 D11까지: 셀 A2부터 셀 A11까지의 copy
셀 E2부터 셀 E11까지: 셀 B2부터 셀 B11까지의 copy
셀 E13: 셀 B13의 copy
셀 F2부터 셀 F11까지: `= RAND()`

	A	B	C	D	E	F
1	Bride	Groom		Bride	Groom	Random
2	158	167		158	176	0.279
3	162	164		162	180	0.516
4	160	176		160	164	0.242
5	164	172		164	172	0.344
6	168	184		168	184	0.406
7	162	178		162	178	0.786
8	160	166		160	167	0.610
9	166	182		166	182	0.988
10	160	180		160	166	0.010
11	162	160		162	160	0.082
12						
13	Corr=	0.52		Corr=	0.58	
14						
15	Trial	Corr				
16	1	-0.08				
17	2	0.13				
18	3	-0.01				
19	4	-0.03				
20	5	-0.10				
21	6	0.51				
22	7	0.21				
23	8	-0.04				
24	9	0.12				
25	10	0.58				

그림 20: 상관계수의 유의성

셀 E2부터 셀 E11까지, 셀 F2부터 셀 F11까지: 열 F에 따라 데이터 정렬
셀 E13에 나타나는 몬테칼로 상관계수 값을 기록해 둔다.
예컨대 셀 B16 이하에.

앞의 데이터 정렬 과정을 반복함으로써 다수의 몬테칼로 상관계수 값을 확보할 수 있게 되고, 이 중에서 B13의 표본상관계수보다 큰 것들의 상대적 비율을 구하면 바로 그것이 p-값이다.

회귀(Regression)

X 대 Y의 단순 회귀에서 회귀계수의 추정 식은

기울기 b1 = (Y의 표준편차)/(X의 표준편차)*상관계수,
절편 b0 = (Y의 평균) - b1* (X의 평균)

이다. 다음 사례는 미니탭 나무자료에 대한 회귀모형의 계수 추정과정을 보여준다. 그림 21은 분석자료 화면이다.

	A	B	C	D	E
1		D	H	Y	X
2	1	8.3	70	10.3	33.5
3	2	8.6	65	10.3	33.4
4	3	8.8	63	10.2	33.9
5	4	10.5	72	16.4	55.1
6	5	10.7	81	18.8	64.4
7	6	10.8	83	19.7	67.2
8	7	11	66	15.6	55.5
9	8	11	75	18.2	63.0
10	9	11.1	80	22.6	68.5
11	10	11.2	75	19.9	65.3
12	11	11.3	79	24.2	70.1
13	12	11.4	76	21.0	68.6
14	13	11.4	76	21.4	68.6
15	14	11.7	69	21.3	65.6
16	15	12	75	19.1	75.0
17	16	12.9	74	22.2	85.5
18	17	12.9	85	33.8	98.2
19	18	13.3	86	27.4	105.6
20	19	13.7	71	25.7	92.5
21	20	13.8	64	24.9	84.6
22	21	14	78	34.5	106.2
23	22	14.2	80	31.7	112.0
24	23	14.5	74	36.3	108.0
25	24	16	72	38.3	128.0
26	25	16.3	77	42.6	142.1
27	26	17.3	81	55.4	168.4
28	27	17.5	82	55.7	174.4
29	28	17.9	80	58.3	178.0
30	29	18	80	51.5	180.0
31	30	18	80	51.0	180.0
32	31	20.6	87	77.0	256.4

그림 21: 미니탭 나무자료

다음은 실습 도움말이다 [실습파일 '6장 통계적 추론 - 몬테칼로 방법 `updated.xls`'의 '회귀' 탭]. 그림 22 참조.

셀 B35: `=AVERAGE(D2:D32)` * Y 변수의 평균
셀 C35: `=AVERAGE(E2:E32)` * X 변수의 평균
셀 B36: `=STDEV(D2:D32)` * Y 변수의 표준편차
셀 C36: `=STDEV(E2:E32)` * X 변수의 표준편차
셀 E34: `=CORREL(D2:D32,E2:E32)` * 상관계수
셀 E35: `=B36/C36*E34` * 회귀직선의 기울기
셀 E36: `=B35-E35*C35` * 회귀직선의 절편

	A	B	C	D	E
34		Y	X	상관	0.989
35	mean	30.2	99.6	b1	0.306
36	sd	16.4	53.1	b0	-0.298

그림 22: 선형회귀

부록 B. 표준정규분포 STANDARD NORMAL DISTRIBUTION

표기: $Z \sim N(0,1)$. 즉, 평균 0, 표준편차 1.

확률밀도: $f(z) = \frac{1}{\sqrt{2\pi}} e^{-z^2/2}, \quad -\infty < z < \infty.$

확률분포표: 오른쪽 꼬리확률 $\bar{p}(z) = P\{Z \geq z\}$.

z	0.00	0.01	0.02	0.03	0.04	0.05	0.06	0.07	0.08	0.09
0.0	0.500	0.496	0.492	0.488	0.484	0.480	0.476	0.472	0.468	0.464
0.1	0.460	0.456	0.452	0.448	0.444	0.440	0.436	0.433	0.429	0.425
0.2	0.421	0.417	0.413	0.409	0.405	0.401	0.397	0.394	0.390	0.386
0.3	0.382	0.378	0.374	0.371	0.367	0.363	0.359	0.356	0.352	0.348
0.4	0.345	0.341	0.337	0.334	0.330	0.326	0.323	0.319	0.316	0.312
0.5	0.309	0.305	0.302	0.298	0.295	0.291	0.288	0.284	0.281	0.278
0.6	0.274	0.271	0.268	0.264	0.261	0.258	0.255	0.251	0.248	0.245
0.7	0.242	0.239	0.236	0.233	0.230	0.227	0.224	0.221	0.218	0.215
0.8	0.212	0.209	0.206	0.203	0.200	0.198	0.195	0.192	0.189	0.187
0.9	0.184	0.181	0.179	0.176	0.174	0.171	0.169	0.166	0.164	0.161
1.0	0.159	0.156	0.154	0.152	0.149	0.147	0.145	0.142	0.140	0.138
1.1	0.136	0.133	0.131	0.129	0.127	0.125	0.123	0.121	0.119	0.117
1.2	0.115	0.113	0.111	0.109	0.107	0.106	0.104	0.102	0.100	0.099
1.3	0.097	0.095	0.093	0.092	0.090	0.089	0.087	0.085	0.084	0.082
1.4	0.081	0.079	0.078	0.076	0.075	0.074	0.072	0.071	0.069	0.068
1.5	0.067	0.066	0.064	0.063	0.062	0.061	0.059	0.058	0.057	0.056
1.6	0.055	0.054	0.053	0.052	0.051	0.049	0.048	0.047	0.046	0.046
1.7	0.045	0.044	0.043	0.042	0.041	0.040	0.039	0.038	0.038	0.037
1.8	0.036	0.035	0.034	0.034	0.033	0.032	0.031	0.031	0.030	0.029
1.9	0.029	0.028	0.027	0.027	0.026	0.026	0.025	0.024	0.024	0.023

표준정규분포 (계속)

확률분포표: 오른쪽 꼬리확률 $\bar{p}(z) = P\{Z \geq z\}$, 여기서 $Z \sim N(0,1)$.

z	0.00	0.01	0.02	0.03	0.04	0.05	0.06	0.07	0.08	0.09
2.0	0.023	0.022	0.022	0.021	0.021	0.020	0.020	0.019	0.019	0.018
2.1	0.018	0.017	0.017	0.017	0.016	0.016	0.015	0.015	0.015	0.014
2.2	0.014	0.014	0.013	0.013	0.013	0.012	0.012	0.012	0.011	0.011
2.3	0.011	0.010	0.010	0.010	0.010	0.009	0.009	0.009	0.009	0.008
2.4	0.008	0.008	0.008	0.008	0.007	0.007	0.007	0.007	0.007	0.006
2.5	0.006	0.006	0.006	0.006	0.006	0.005	0.005	0.005	0.005	0.005
2.6	0.005	0.005	0.004	0.004	0.004	0.004	0.004	0.004	0.004	0.004
2.7	0.003	0.003	0.003	0.003	0.003	0.003	0.003	0.003	0.003	0.003
2.8	0.003	0.002	0.002	0.002	0.002	0.002	0.002	0.002	0.002	0.002
2.9	0.002	0.002	0.002	0.002	0.002	0.002	0.002	0.001	0.001	0.001
3.0	0.001	0.001	0.001	0.001	0.001	0.001	0.001	0.001	0.001	0.001
3.1	0.001	0.001	0.001	0.001	0.001	0.001	0.001	0.001	0.001	0.001
3.2	0.001	0.001	0.001	0.001	0.001	0.001	0.001	0.001	0.001	0.001
3.3	0.000	0.000	0.000	0.000	0.000	0.000	0.000	0.000	0.000	0.000
3.4	0.000	0.000	0.000	0.000	0.000	0.000	0.000	0.000	0.000	0.000
3.5	0.000	0.000	0.000	0.000	0.000	0.000	0.000	0.000	0.000	0.000
3.6	0.000	0.000	0.000	0.000	0.000	0.000	0.000	0.000	0.000	0.000
3.7	0.000	0.000	0.000	0.000	0.000	0.000	0.000	0.000	0.000	0.000
3.8	0.000	0.000	0.000	0.000	0.000	0.000	0.000	0.000	0.000	0.000
3.9	0.000	0.000	0.000	0.000	0.000	0.000	0.000	0.000	0.000	0.000

엑셀 파일 리스트 List of Excel Files

1장 우연과 확률 updated.xls

2장 표본조사 updated.xls

3장 임의화 절차 updated.xls

4장 성적자료 updated.xls

4장 프로야구 updated.xls

4장 정규분포 updated.xls

6장 통계적 추론 - 몬테칼로 방법 updated.xls

통계적 사고_2008년.xls

ABC updated.xls

KBL정규시즌 2010-201.xls

찾아보기 Index

찾아보기

저자 소개

허명회(許明會)

서울대학교 계산통계학과 졸업
서울대학교 대학원 통계학과
미국 스탠포드 대학교 대학원 통계학과 졸업
(Ph.D. in Statistics)
현재 고려대학교 정경대학 통계학과 교수
E-mail : stat420@korea.ac.kr

≪주요저서≫
- 통계적 개념 · 방법 · 응용(자유아카데미)
- 사회과학을 위한 다변량자료분석(자유아카데미)
- 다변량 수량화(자유아카데미)
- 통계조사의 길잡이(자유아카데미)
- 수리통계학 강의(자유아카데미)

[제2판]

통계적 사고

2006년 2월 25일 초 판 발행
2023년 6월 20일 제2판 2쇄 발행

저 자 / 허명회
발행자 / 오판근
발행처 / 교우사

주 소 / 서울 동대문구 제기2동 148-19
전 화 / 925-2861~2, 편집부 / 925-2825
팩 스 / 925-2860

E-mail / kyowoo@kyowoo.co.kr
http://www.kyowoo.co.kr

등록 / 1994. 3. 24 제6-0256호

ISBN 978-89-8172-580-8 (93310)

값 14,000 원